上海市中等职业学校
新型建筑材料生产技术
专业教学标准

上海市教师教育学院（上海市教育委员会教学研究室）编

上海教育出版社
SHANGHAI EDUCATIONAL
PUBLISHING HOUSE

上海市教育委员会关于印发上海市中等职业学校
第六批专业教学标准的通知

各区教育局，各有关部、委、局、控股(集团)公司：

为深入贯彻党的二十大精神，认真落实《关于推动现代职业教育高质量发展的意见》等要求，进一步深化上海中等职业教育教师、教材、教法"三教"改革，培养适应上海城市发展需求的高素质技术技能人才，市教委组织力量研制《上海市中等职业学校数字媒体技术应用专业教学标准》等 12 个专业教学标准(以下简称《标准》，名单见附件)。

《标准》坚持以习近平新时代中国特色社会主义思想为指导，强化立德树人、德技并修，落实课程思政建设要求，将价值观引导贯穿于知识传授和能力培养过程，促进学生全面发展。《标准》坚持以产业需求为导向明确专业定位，以工作任务为线索确定课程设置，以职业能力为依据组织课程内容，及时将相关职业标准和"1＋X"职业技能等级证书标准融入相应课程，推进"岗课赛证"综合育人。

《标准》正式文本由上海市教师教育学院(上海市教育委员会教学研究室)另行印发，请各相关单位认真组织实施。各学校主管部门和相关教育科研机构要根据《标准》加强对学校专业教学工作指导。相关专业教学指导委员会、师资培训基地等要根据《标准》组织开展教师教研与培训。各相关学校要根据《标准》制定和完善专业人才培养方案，推动人才培养模式、教学模式和评价模式改革创新，加强实验实训室等基础能力建设。

附件：上海市中等职业学校第六批专业教学标准名单

上海市教育委员会

2023 年 6 月 17 日

附件

上海市中等职业学校第六批专业教学标准名单

序号	专业教学标准名称	牵头开发单位
1	数字媒体技术应用专业教学标准	上海信息技术学校
2	首饰设计与制作专业教学标准	上海信息技术学校
3	建筑智能化设备安装与运维专业教学标准	上海市西南工程学校
4	商务英语专业教学标准	上海市商业学校
5	城市燃气智能输配与应用专业教学标准	上海交通职业技术学院
6	幼儿保育专业教学标准	上海市群益职业技术学校
7	新型建筑材料生产技术专业教学标准	上海市材料工程学校
8	药品食品检验专业教学标准	上海市医药学校
9	印刷媒体技术专业教学标准	上海新闻出版职业技术学院
10	连锁经营与管理专业教学标准	上海市现代职业技术学校
11	船舶机械装置安装与维修专业教学标准	江南造船集团职业技术学校
12	船体修造技术专业教学标准	江南造船集团职业技术学校

目 录

CONTENTS

第二部分
上海市中等职业学校新型建筑材料生产技术专业必修课程标准

第一部分

上海市中等职业学校
新型建筑材料生产技术专业教学标准

▍专业名称（专业代码）

新型建筑材料生产技术(630702)

▍入学要求

初中毕业或相当于初中毕业文化程度

▍学习年限

三年

▍培养目标

本专业坚持立德树人、德技并修、学生德智体美劳全面发展,主要面向新型建筑材料行业及其他相关企事业单位,培养具有良好的思想品德和职业素养,必备的文化和专业基础知识,能从事新型建筑材料生产、检测及质量管理等相关工作,具有职业生涯发展基础的知识型、发展型技术技能人才。

▍职业范围

序号	职业领域	职业(岗位)	职业技能等级证书 (名称、等级、评价组织)
1	材料生产	化验员、质量管理员	● 化学检验员职业技能等级证书(四级) 评价组织:中国建筑材料联合会、国家建筑材料行业职业技能鉴定指导中心

（续表）

序号	职业领域	职业（岗位）	职业技能等级证书 （名称、等级、评价组织）
2	材料检测	分析员、试验员	● 水泥混凝土制品工职业技能等级证书（四级） 评价组织：中国建筑材料联合会、国家建筑材料行业职业技能鉴定指导中心
3	材料应用	材料员、质量员	

▌人才规格

1. 职业素养

- 具有正确的世界观、人生观、价值观，以及深厚的家国情怀、良好的思想品德，衷心拥护党的领导和我国社会主义制度。
- 具有良好的职业道德，自觉遵守法律法规和企业规章制度。
- 具有爱岗敬业、认真负责、严谨细致、专注执着、一丝不苟的职业态度。
- 具有诚实守信、吃苦耐劳的工作作风。
- 具有安全文明生产、节能环保和严格遵守安全操作规程的职业意识。
- 具有实事求是、严格按照建筑行业国家标准进行职业活动的职业操守。

2. 职业能力

- 能按照安全规程进行电工操作，检测并维修设备的基础电路问题。
- 能按照国家标准进行污染防治，使生产和应用过程达到节能环保标准。
- 能按照国家标准及行业规范完成新型建材的物理性能检测。
- 能按照国家标准及行业规范对混凝土制品的生产设备进行操作和管理。
- 能按照国家标准及行业规范完成建筑涂料的生产及性能检测。
- 能按照国家标准及行业规范完成新型保温节能材料的生产及性能检测。
- 能按照国家标准及行业规范完成新型装饰装修材料的性能检测。
- 能按照国家标准及行业规范完成新型防水材料的生产及性能检测。
- 能按照国家标准及行业规范完成新型建材的化学分析与检测。
- 能根据既有建筑的构造对墙体、玻璃幕墙及渗漏情况进行检测和诊断。
- 能对建材出入库、库存、材料保管等进行信息化管理。

▌主要接续专业

高等职业教育专科：新型建筑材料技术（430702）

高等职业教育本科:新材料与应用技术(230602)、建筑材料智能制造(230701)

工作任务与职业能力分析

工作领域	工作任务	职　业　能　力	
1. 新型墙体材料生产与检测	1-1　混凝土智能生产与管理	1-1-1	能按照国家标准及行业规范对原材料进行入库验收
		1-1-2	能按照国家标准对原材料进行采样,完成质量检验
		1-1-3	能按照国家标准正确处理不合格的原材料
		1-1-4	能根据施工要求计算和调整混凝土配合比
		1-1-5	能根据设计要求签发混凝土配合比
		1-1-6	能简单绘制预拌混凝土的工艺流程图
		1-1-7	能对计量设备进行校准,并在开机搅拌前完成配料校核
		1-1-8	能根据设备说明书和生产要求控制混凝土的搅拌时间
		1-1-9	能在拌制混凝土期间,测定骨料含水率,并根据检测结果调整用水量和骨料用量
		1-1-10	能对预拌混凝土泵送操作进行管理,并通过中控系统进行生产流程监控
		1-1-11	能协助进行预拌混凝土场区安全生产管理
		1-1-12	能按照规范流程采购和验收混凝土制品生产与测量设备
		1-1-13	能按照规范流程进行混凝土制品生产与测量设备的操作、巡检和保养
		1-1-14	能按照规范流程进行混凝土制品生产与测量设备的异常处理和报废
		1-1-15	能简单绘制预制构件的工艺流程图
		1-1-16	能根据进厂要求完成预制构件生产
		1-1-17	能识别预制构件生产线的设备配置
		1-1-18	能编写预制构件的生产、堆放和运输管理规范
		1-1-19	能在预制构件生产与管理中运用 BIM 技术
		1-1-20	能对预制构件成品进行质量检验,并填写预制构件质量证明书
		1-1-21	能对各类混凝土生产设备进行维护保养
	1-2　新型混凝土性能检测	1-2-1	能查阅建筑混凝土的国家标准、检测规范和环保要求
		1-2-2	能按照操作规范对预拌混凝土进行取样
		1-2-3	能按照国家标准对预拌混凝土进行和易性试验
		1-2-4	能按照国家标准对预拌混凝土进行质量检验
		1-2-5	能维护保养混凝土检测仪器设备
		1-2-6	能按照国家标准判定混凝土质量是否合格

工作领域	工作任务	职　业　能　力	
2. 新型保温节能材料生产与检测	2-1　建筑保温材料生产与管理	2-1-1	能根据地区温度情况确定建筑热工设计分区
		2-1-2	能根据导热系数等指标初步判断材料的保温性能
		2-1-3	能正确分辨建筑墙体保温材料的种类,并准确绘制保温材料的工艺流程图
		2-1-4	能根据工艺关键参数进行生产设备操作
		2-1-5	能根据生产计划、安全和环保生产要求合理安排生产进度,并根据生产质量管理要求进行生产过程控制
		2-1-6	能根据不同产品的参数要求设置生产设备参数
		2-1-7	能对参数异常的生产设备进行调整
		2-1-8	能在生产设备发生故障时,通过查阅设备说明书排除基本故障,或者通过联系设备供应商进行技术指导,以排除故障
		2-1-9	能按照国家标准提炼设备参数和准确度要求,并将设备报送法定计量检定机构进行检定或校准
		2-1-10	能按照规范流程对不合格品进行处理
	2-2　建筑保温材料质量检测	2-2-1	能查阅建筑保温材料的国家标准、检测规范和环保要求
		2-2-2	能对建筑保温材料进行安全、正确的取样和制样
		2-2-3	能检测建筑保温材料的密度、拉伸强度、导热系数、粘结强度等质量指标
		2-2-4	能判定建筑保温材料的质量等级,并填写质量检测报告
		2-2-5	能维护保养建筑保温材料检测仪器设备,并使其处于安全状态
	2-3　建筑节能玻璃质量检测	2-3-1	能查阅建筑节能玻璃的国家标准、检测规范和环保要求
		2-3-2	能检测建筑节能玻璃的外观质量
		2-3-3	能检测建筑节能玻璃的光学性能、颜色均匀性、辐射率等质量指标
		2-3-4	能判定建筑节能玻璃的质量等级,并填写质量检测报告
		2-3-5	能维护保养建筑节能玻璃检测仪器设备
	2-4　建筑门窗性能检测	2-4-1	能查阅建筑门窗的国家标准、检测规范和环保要求
		2-4-2	能检测建筑外门窗的气密性、水密性、抗风压性等质量指标
		2-4-3	能判定建筑门窗的节能性能
		2-4-4	能维护保养建筑门窗检测仪器设备
3. 新型防水材料生产与检测	3-1　新型防水卷材生产与管理	3-1-1	能准确绘制新型防水卷材的工艺流程图
		3-1-2	能根据不同产品的参数要求设置工艺参数,并根据工艺关键参数安全、规范地操作生产设备
		3-1-3	能根据生产计划合理安排生产,并控制产量
		3-1-4	能识别生产设备参数异常

(续表)

工作领域	工作任务	职 业 能 力
3. 新型防水材料生产与检测	3-1 新型防水卷材生产与管理	3-1-5 能在生产设备发生故障时,通过查阅设备说明书排除基本故障,或者通过联系设备供应商进行技术指导,以排除故障 3-1-6 能按照规范流程对不合格品进行处理 3-1-7 能判别过程控制行为是否符合操作规范和生产质量管理要求
	3-2 建筑防水卷材性能检测	3-2-1 能查阅建筑防水卷材的国家标准、检测规范和环保要求 3-2-2 能按照操作规范对建筑防水卷材进行取样 3-2-3 能检测建筑防水卷材的拉伸强度、断裂伸长率、低温柔性、不透水性、拉力、耐热性、搭接缝不透水性、接缝剥离强度等质量指标 3-2-4 能维护保养建筑防水卷材检测仪器设备
	3-3 建筑密封材料性能检测	3-3-1 能查阅建筑密封材料的国家标准、检测规范和环保要求 3-3-2 能按照操作规范对建筑密封材料进行取样 3-3-3 能检测建筑密封材料的密度、拉伸强度、低温柔性、不透水性等质量指标 3-3-4 能维护保养建筑密封材料检测仪器设备
4. 新型装饰装修材料检测	4-1 建筑涂料生产与管理	4-1-1 能根据涂料全名或型号识别涂料 4-1-2 能正确识别外墙涂料和内墙涂料 4-1-3 能正确识别地面涂料和纳米涂料,并根据应用场景合理选用相关材料 4-1-4 能对涂料配方进行成分判断,并对涂料配方中的成膜物质和颜填料进行常规检测 4-1-5 能按照国家标准检测典型原辅材料中树脂的酸值和固含量、颜料的吸油量和遮盖力 4-1-6 能根据用户需求设计简单的涂料配方 4-1-7 能根据调色的基本方法进行简单调色和仿色 4-1-8 能根据涂料生产要求选择涂料生产工艺,并按照企业5S管理规范完成涂料生产 4-1-9 能对各类涂料生产设备进行操作管理和故障处理
	4-2 建筑涂料检测	4-2-1 能对建筑涂料进行试样采集和制备 4-2-2 能检测建筑涂料的粘度、细度、对比率、耐洗刷性、密度等质量指标 4-2-3 能判定建筑涂料的质量等级,并填写质量检测报告 4-2-4 能维护保养建筑涂料检测仪器设备

工作领域	工作任务	职 业 能 力
4.新型装饰装修材料检测	4-3 建筑陶瓷检测	4-3-1 能通过建筑材料的表观特征正确识别陶瓷砖的种类、规格和基本质量 4-3-2 能根据装饰装修场所选择合适的陶瓷砖 4-3-3 能通过建筑材料的表观特征正确识别LC发泡陶瓷,并根据装饰装修场所判断其适用性 4-3-4 能对陶瓷砖进行试样采集 4-3-5 能对陶瓷砖的吸水率进行检测 4-3-6 能对陶瓷砖的边长、边直度、角直度、平整度等外观质量进行检测 4-3-7 能按照国家标准判定陶瓷砖质量是否合格 4-3-8 能维护保养陶瓷砖检测仪器设备
	4-4 建筑石膏检测	4-4-1 能通过建筑材料的表观特征正确识别建筑石膏,并能正确区分普通建筑石膏和无水型粉刷石膏 4-4-2 能检测建筑石膏的细度、凝结时间、抗折强度、抗压强度等质量指标 4-4-3 能按照国家标准判定建筑石膏质量是否合格 4-4-4 能维护保养建筑石膏检测仪器设备
	4-5 建筑装饰木材检测	4-5-1 能通过木材的纹理和颜色正确识别木材的种类 4-5-2 能通过高强度木质装饰板的外观、气味等正确识别板材的种类和质量 4-5-3 能通过地板的外观正确识别实木地板、实木复合地板、强化木地板 4-5-4 能对建筑装饰木材进行试样采集 4-5-5 能对木地板的规格尺寸、翘曲度、含水率、外观质量等进行检测 4-5-6 能对高强度木质装饰板的规格尺寸、密度、含水率、24小时吸水率、胶合强度等进行检测 4-5-7 能按照国家标准对建筑装饰木材进行质量检测,并填写质量检测报告
5.新型建材物理性能检测	5-1 水泥物理性能检测	5-1-1 能阅读水泥质量保证书,并初步判断水泥的种类及质量优劣 5-1-2 能目测建筑用砂、石的表观质量,并初步判断建筑用砂、石的种类及质量优劣 5-1-3 能目测混凝土拌合物的表观质量,并初步判断混凝土拌合物的种类及质量优劣 5-1-4 能查阅新型建材物理性能检测的国家标准 5-1-5 能查阅通用硅酸盐水泥物理性能检测的国家标准 5-1-6 能对水泥进行试样采集

（续表）

工作领域	工作任务	职　业　能　力
5. 新型建材物理性能检测	5-1　水泥物理性能检测	5-1-7　能对水泥试样进行正确处理 5-1-8　能对水泥细度、标准稠度用水量、安定性、凝结时间、密度、比表面积、胶砂流动度、强度、净浆流动度、胶砂减水率等进行检测 5-1-9　能处理水泥物理性能检测数据，并对数据进行判定
	5-2　建筑用砂、石物理性能检测	5-2-1　能查阅建筑用砂物理性能检测的国家标准 5-2-2　能按照规范进行建筑用砂试样采集与处理 5-2-3　能对建筑用砂含水率、细度模数、颗粒级配、含泥量、泥块含量、表观密度、堆积密度等进行检测 5-2-4　能对建筑用石颗粒级配、含泥量、泥块含量、针片状颗粒含量、压碎指标、表观密度、堆积密度等进行检测 5-2-5　能处理建筑用砂、石物理性能检测数据，并对数据进行判定
	5-3　混凝土物理性能检测	5-3-1　能查阅混凝土物理性能检测的国家标准 5-3-2　能规范制备混凝土拌合物 5-3-3　能对混凝土拌合物进行现场抽样 5-3-4　能对混凝土和易性、混凝土拌合物表观密度、混凝土抗渗性、混凝土立方体抗压强度、混凝土外加剂含固量等进行检测 5-3-5　能处理混凝土物理性能检测数据，并对数据进行判定
	5-4　其他建材物理性能检测	5-4-1　能规范制备砂浆试样 5-4-2　能对砂浆试样进行现场取样 5-4-3　能对砂浆稠度和分层度以及砂浆立方体抗压强度、砂浆拉伸粘结度、砂浆抗渗性等进行检测 5-4-4　能对钢筋进行试样和取样 5-4-5　能对钢筋拉伸强度、冷弯强度进行检测 5-4-6　能处理砂浆、钢筋物理性能检测数据，并对数据进行判定
6. 新型建材化学检测	6-1　取样与制样	6-1-1　能查阅各种常用材料取样与制样的国家标准、检测规范和环保要求 6-1-2　能正确采集试样，并对样品进行预处理
	6-2　材料化学分析	6-2-1　能查阅材料化学分析的国家标准 6-2-2　能按照安全操作规程进行化学分析检测 6-2-3　能选择合适的化学分析仪器、器具

工作领域	工作任务	职　业　能　力
6. 新型建材 化学检测	6-2　材料化学分析	6-2-4　能使用分析天平称量试样 6-2-5　能配制各种分析用标准溶液 6-2-6　能标定各种分析用标准溶液 6-2-7　能测定溶液中的醋酸含量 6-2-8　能测定溶液中的氢氧化钠含量 6-2-9　能测定溶液中的碳酸钙含量 6-2-10　能测定溶液中的氯化锌含量 6-2-11　能测定溶液中的重铬酸钾含量 6-2-12　能测定溶液中的碘酸钾含量 6-2-13　能测定溶液中的氯化钠含量 6-2-14　能测定溶液中的碘化钠含量 6-2-15　能测定水泥中的硫化物含量 6-2-16　能测定水泥生料中的碳酸钙含量 6-2-17　能测定水泥中的三氧化硫含量 6-2-18　能测定水泥中的铁、铝、钙、镁含量 6-2-19　能处理材料化学分析数据 6-2-20　能出具材料化学分析检测报告 6-2-21　能开展化学分析仪器计量工作
	6-3　危险化学品安 全防护	6-3-1　能识读危险货物编号，并判断危险化学品类别 6-3-2　能根据化学品安全技术说明书或化学品安全标签获取化 　　　　学品安全信息 6-3-3　能根据相关信息制作化学品安全标签 6-3-4　能按照国家标准管理危险化学品
7. 工程识图	7-1　建筑制图规范 和标准查阅	7-1-1　能查阅建筑制图规范和标准 7-1-2　能使用尺类、笔类及其他特殊用途的制图工具进行几何 　　　　作图
	7-2　工程图纸分析	7-2-1　能运用正投影识别三视图，并进行平面投影分析 7-2-2　能运用平面立体投影图分析和识别回转体、切割体、相 　　　　贯体投影图 7-2-3　能正确分析正等轴测图，并将其转换为三视图 7-2-4　能正确进行组合体构造和形体分析，并识读组合体的三 　　　　视图和尺寸
	7-3　工程图纸识读	7-3-1　能分析建筑图纸之间的关系，并正确识读平面视图、立 　　　　面视图、断面视图和局部放大图 7-3-2　能正确识读全剖面视图、半剖面视图、阶梯剖面视图、局 　　　　部剖面视图和分层剖面视图

（续表）

工作领域	工作任务	职　业　能　力
7. 工程识图	7-4　工程图绘制	7-4-1　能运用 CAD 软件绘制直线、规则多边形、曲线、多段线、点和多线的二维几何图形 7-4-2　能运用 CAD 软件完成图形面积和距离测量 7-4-3　能运用 CAD 软件进行文字、尺寸标注与参数设置 7-4-4　能运用 CAD 软件完成建筑平面图、立面图、剖面图及详图绘制
8. 材料信息化管理	8-1　材料产品建档	8-1-1　能识别各种材料产品的标识方法，包括标识的形式、内容及相关工作流程 8-1-2　能根据材料产品质量状态标识识别待检品、合格品或不合格品 8-1-3　能根据材料产品的数字化标识和质量判断结果，运用电子信息化管理系统或常用软件完成材料产品建档
	8-2　材料出入库信息化管理	8-2-1　能说明材料出入库管理制度和流程 8-2-2　能根据材料进货单、生产部门领料单和材料计量数据，运用电子信息化管理系统完成材料出入库信息记录，或运用常用软件建立材料出入库台账
	8-3　材料库存信息化管理	8-3-1　能运用电子信息化管理系统或常用软件进行材料库存查询和更新 8-3-2　能根据材料库存情况和工程项目材料用量计划表，运用电子信息化管理系统或常用软件编制材料供应计划
	8-4　材料保管信息化管理	8-4-1　能根据材料的技术要求和保管要求进行材料保管 8-4-2　能记住各种材料的保管区域 8-4-3　能运用电子信息化管理系统或常用软件对材料的种类和检查结果进行记录，并定时更新
	8-5　不合格品信息化管理	8-5-1　能目测出可辨识的不合格材料，并以安全、环保的方式对其进行处理 8-5-2　能根据检测部门和质量部门给出的评审意见处理不合格品 8-5-3　能运用电子信息化管理系统或常用软件对不合格品的种类、数量、不合格原因、处理方法等进行记录，并定时更新 8-5-4　能运用电子信息化管理系统或常用软件对不合格品的数据进行统计汇总 8-5-5　能运用电子信息化管理系统或常用软件对产品的不合格率进行计算

课程结构

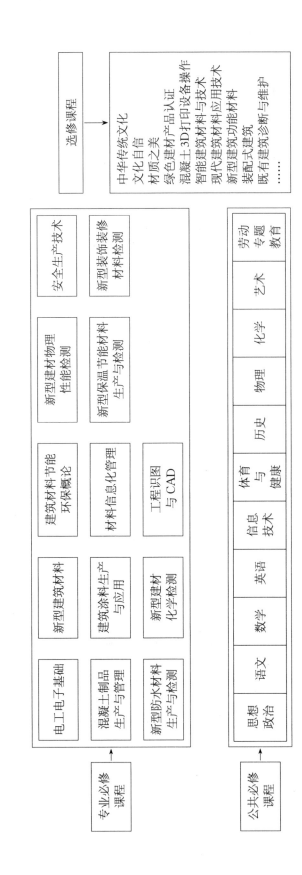

▍专业必修课程

序号	课程名称	主要教学内容与要求	技能考核项目与要求	参考学时
1	电工电子基础	**主要教学内容：** 用电安全防护、常用电工工具和仪表使用、直流电路装接与测试、交流电路装接与测试、整流电路装接与测试、放大电路装接与测试、稳压电路装接与测试等相关基础知识和基本技能 **主要教学要求：** 通过本课程的学习，学生能掌握新型建筑材料生产所需的电工电子基础知识和基本技能，具备从事新型建筑材料生产设备维护等工作岗位所需的职业能力	**考核项目：** 用电安全防护、常用电工工具和仪表使用、直流电路装接与测试、交流电路装接与测试、整流电路装接与测试、放大电路装接与测试、稳压电路装接与测试等 **考核要求：** 达到电工职业技能等级证书（初级）的相关考核要求	72
2	新型建筑材料	**主要教学内容：** 新型建筑材料发展概况、新型结构材料、新型墙体材料、新型保温隔热材料、新型防水材料、新型装饰装修材料等相关基础知识和基本技能 **主要教学要求：** 通过本课程的学习，学生能掌握新型建筑材料的品种、成分、分类、特点、基本性质、基本应用等基础知识，具备根据工程需要选用相关材料的职业能力	**考核项目：** 新型建筑材料发展概况、新型结构材料、新型墙体材料、新型保温隔热材料、新型防水材料、新型装饰装修材料等 **考核要求：** 达到水泥混凝土制品工职业技能等级证书（四级）的相关考核要求	72
3	建筑材料节能环保概论	**主要教学内容：** 碳达峰与碳中和、水污染与防治、大气污染与防治、固体废物污染与防治、水泥的节能环保、玻璃的节能环保、保温材料的节能环保、防水涂料的节能环保等相关基础知识和基本技能 **主要教学要求：** 通过本课程的学习，学生能掌握新型建筑材料生产所需的建筑材料节能环保基础知识和基本技能，具备从事材料生产与管理、材料检验、材料应用等工作岗位所需的职业能力	**考核项目：** 碳达峰与碳中和、水污染与防治、大气污染与防治、固体废物污染与防治、水泥的节能环保、玻璃的节能环保、保温材料的节能环保、防水涂料的节能环保等 **考核要求：** 达到水泥混凝土制品工职业技能等级证书（四级）、化学检验员职业技能等级证书（四级）的相关考核要求	72
4	新型建材物理性能检测	**主要教学内容：** 建材原材料识别、水泥物理性能检测、建筑用砂物理性能检测、建筑用石物理性能检测、混凝土物理性能检测、砂浆物理性能检测、钢筋物理性能检测等相关基础知识和基本技能	**考核项目：** 建材原材料识别、水泥物理性能检测、建筑用砂物理性能检测、建筑用石物理性能检测、混凝土物理性能检测、砂浆物理性能检测、钢筋物理性能检测等	108

序号	课程名称	主要教学内容与要求	技能考核项目与要求	参考学时
4	新型建材物理性能检测	**主要教学要求:** 通过本课程的学习,学生能掌握新型建材物理性能检测的相关基础知识和基本技能,具备从事新型建材物理性能检测工作岗位所需的职业能力	**考核要求:** 达到水泥混凝土制品工职业技能等级证书(四级)的相关考核要求	108
5	安全生产技术	**主要教学内容:** 燃烧爆炸安全防护、电气安全防护、危险化学品安全防护、特种设备安全防护、职业危害防护与控制、检修安全防护等相关基础知识和基本技能 **主要教学要求:** 通过本课程的学习,学生能掌握新型建筑材料安全生产的相关基础知识和基本技能,具备从事材料安全生产与检测工作岗位所需的职业能力	**考核项目:** 燃烧爆炸安全防护、电气安全防护、危险化学品安全防护、特种设备安全防护、职业危害防护与控制、检修安全防护等 **考核要求:** 达到水泥混凝土制品工职业技能等级证书(四级)、化学检验员职业技能等级证书(四级)的相关考核要求	54
6	混凝土制品生产与管理	**主要教学内容:** 原材料质量监控、混凝土配合比设计与计算、预拌混凝土生产与管理、预拌混凝土质量检验、预拌混凝土生产与测量设备管理、预制构件生产与管理、预制构件质量检验等相关基础知识和基本技能 **主要教学要求:** 通过本课程的学习,学生能掌握混凝土制品的生产工艺以及主要生产与测量设备的操作流程,具备从事混凝土制品生产与管理工作岗位所需的职业能力	**考核项目:** 原材料质量监控、混凝土配合比设计与计算、预拌混凝土生产与管理、预拌混凝土质量检验、预拌混凝土生产与测量设备管理、预制构件生产与管理、预制构件质量检验等 **考核要求:** 达到水泥混凝土制品工职业技能等级证书(四级)的相关考核要求	72
7	建筑涂料生产与应用	**主要教学内容:** 建筑涂料种类和用途识别、涂料原辅材料检测、建筑涂料配方设计与调色、建筑涂料生产与管理、建筑涂料质量检验等相关基础知识和基本技能 **主要教学要求:** 通过本课程的学习,学生能掌握建筑涂料生产与应用的相关基础知识和基本技能,具备从事建筑涂料生产与应用工作岗位所需的职业能力	**考核项目:** 建筑涂料种类和用途识别、涂料原辅材料检测、建筑涂料配方设计与调色、建筑涂料生产与管理、建筑涂料质量检验等 **考核要求:** 达到化学检验员职业技能等级证书(四级)的相关考核要求	72

（续表）

序号	课程名称	主要教学内容与要求	技能考核项目与要求	参考学时
8	材料信息化管理	**主要教学内容：** 材料产品建档、材料出入库信息化管理、材料库存信息化管理、材料保管信息化管理、不合格品信息化管理等相关基础知识和基本技能 **主要教学要求：** 通过本课程的学习，学生能掌握材料信息化管理的相关基础知识和基本技能，具备从事材料信息化管理工作岗位所需的职业能力	**考核项目：** 材料产品建档、材料出入库信息化管理、材料库存信息化管理、材料保管信息化管理、不合格品信息化管理等	72
9	新型保温节能材料生产与检测	**主要教学内容：** 建筑保温材料生产与管理、建筑保温材料质量检测、建筑节能玻璃质量检测、建筑门窗性能检测等相关基础知识和基本技能 **主要教学要求：** 通过本课程的学习，学生能掌握新型保温节能材料生产与检测的相关基础知识和基本技能，具备从事新型保温节能材料生产与检测工作岗位所需的职业能力	**考核项目：** 建筑保温材料生产与管理、建筑保温材料质量检测、建筑节能玻璃质量检测、建筑门窗性能检测等	72
10	新型装饰装修材料检测	**主要教学内容：** 建筑陶瓷识别、陶瓷砖质量检测、建筑石膏识别、建筑石膏质量检测、建筑装饰木材识别、建筑装饰木材质量检测等相关基础知识和基本技能 **主要教学要求：** 通过本课程的学习，学生能掌握新型装饰装修材料检测的相关基础知识和基本技能，具备从事新型装饰装修材料检测工作岗位所需的职业能力	**考核项目：** 建筑陶瓷识别、陶瓷砖质量检测、建筑石膏识别、建筑石膏质量检测、建筑装饰木材识别、建筑装饰木材质量检测等	72
11	新型防水材料生产与检测	**主要教学内容：** 新型防水卷材生产与管理、建筑防水卷材性能检测、建筑密封材料性能检测等相关基础知识和基本技能 **主要教学要求：** 通过本课程的学习，学生能掌握新型防水材料生产与检测的相关基础知识和基本技能，具备从事新型防水材料生产与检测工作岗位所需的职业能力	**考核项目：** 新型防水卷材生产与管理、建筑防水卷材性能检测、建筑密封材料性能检测等	72

序号	课程名称	主要教学内容与要求	技能考核项目与要求	参考学时
12	新型建材化学检测	**主要教学内容：** 材料化学分析准备、酸碱滴定分析、配位滴定分析、氧化还原滴定分析、沉淀滴定分析、重量分析等相关基础知识和基本技能 **主要教学要求：** 通过本课程的学习，学生能掌握新型建材化学检测的相关基础知识和基本技能，具备从事新型建材化学检测工作岗位所需的职业能力	**考核项目：** 材料化学分析准备、酸碱滴定分析、配位滴定分析、氧化还原滴定分析、沉淀滴定分析、重量分析等 **考核要求：** 达到化学检验员职业技能等级证书（四级）的相关考核要求	108
13	工程识图与CAD	**主要教学内容：** 制图工具应用，投影识图，平面、立面、剖面、断面视图识图，CAD绘图环境设置，CAD几何图形创建，CAD图块应用，CAD标注及出图设置，CAD建筑平面图绘制，CAD建筑立面图绘制，CAD建筑剖面图绘制，CAD建筑详图绘制等相关基础知识和基本技能 **主要教学要求：** 通过本课程的学习，学生能掌握工程识图与制图的相关基础知识和基本技能，具备从事建筑材料生产与检验过程中工程识图和CAD绘图工作岗位所需的职业能力	**考核项目：** 制图工具应用，投影识图，平面、立面、剖面、断面视图识图，CAD绘图环境设置，CAD几何图形创建，CAD图块应用，CAD标注及出图设置，CAD建筑平面图绘制，CAD建筑立面图绘制，CAD建筑剖面图绘制，CAD建筑详图绘制等	72

指导性教学安排

1. 指导性教学安排

课程分类		课程名称	总学时	总学分	各学期周数、学时分配					
					1	2	3	4	5	6
					18周	18周	18周	18周	18周	20周
公共必修课程	思想政治	中国特色社会主义	36	2	2					
		心理健康与职业生涯	36	2		2				
		哲学与人生	36	2			2			
		职业道德与法治	36	2				2		

（续表）

课程分类	课程名称	总学时	总学分	各学期周数、学时分配					
				1	2	3	4	5	6
				18周	18周	18周	18周	18周	20周
公共必修课程	语文	216	12	4	4	4			
	数学	216	12	4	4	4			
	英语	216	12	4	4	4			
	信息技术	108	6		3	3			
	体育与健康	180	10	2	2	2	2	2	
	历史	72	4				2	2	
	物理	72	4	4					
	化学	72	4		4				
	艺术	36	2		1	1			
	劳动专题教育	18	1		1				
专业必修课程	电工电子基础	72	4	4					
	新型建筑材料	72	4	4					
	建筑材料节能环保概论	72	4			4			
	新型建材物理性能检测	108	6				6		
	安全生产技术	54	3		3				
	混凝土制品生产与管理	72	4				4		
	建筑涂料生产与应用	72	4				4		
	材料信息化管理	72	4				4		
	新型保温节能材料生产与检测	72	4				4		
	新型装饰装修材料检测	72	4					4	
	新型防水材料生产与检测	72	4					4	
	新型建材化学检测	108	6					6	
	工程识图与CAD	72	4				4		
选修课程		180	10	由各校自主安排					
岗位实习		600	30						30
合计		3120	170	28	28	28	28	28	30

2. 关于指导性教学安排的说明

(1) 本教学安排是三年制指导性教学安排。每学年为 52 周,其中教学时间 40 周(每学期有效教学时间 18 周),周有效学时数为 28—30 学时,岗位实习一般按每周 30 小时(1 小时折合 1 学时)安排,三年总学时数约为 3000—3300 学时。

(2) 实行学分制的学校一般按 16—18 学时为 1 学分进行换算,三年制总学分不得少于 170。军训、社会实践、入学教育、毕业教育等活动以 1 周为 1 学分,共 5 学分。

(3) 公共必修课程的学时数一般占总学时数的三分之一,不低于 1000 学时。公共必修课程中的思想政治、语文、数学、英语、信息技术、体育与健康、历史、物理、化学和艺术等课程,严格按照教育部和上海市教育委员会颁布的相关学科课程标准实施教学。除了教育部和上海市教育委员会规定的必修课程之外,各校可根据学生专业学习需要,开设其他公共基础选修课程或选修模块。

(4) 专业课程的学时数一般占总学时数的三分之二,其中岗位实习原则上安排一学期。学校要认真落实教育部等八部门印发的《职业学校学生实习管理规定》,在确保学生实习总量的前提下,可根据实际需要集中或分阶段安排实习时间。

(5) 选修课程占总学时数的比例不少于 10%,由各校根据专业培养目标,自主开设专业特色课程。

(6) 学校可根据需要对课时比例进行适当的调整。实行弹性学制的学校(专业)可根据实际情况安排教学活动的时间。

(7) 学校以实习实训课为主要载体开展劳动教育,其中劳动精神、劳模精神、工匠精神专题教育不少于 16 学时。

专业教师任职资格

1. 具有中等职业学校及以上教师资格证书。

2. 具有本专业高级工及以上职业资格证书或相应技术职称。

实训（实验）装备

1. 电子电工实训（实验）室

功能说明:适用于开展电子电工性能检测仪器设备操作与维护等实训。

主要设备及标准(以一个标准班 40 人配置):

序号	设备名称	用途	单位	基本配置	适用范围（职业技能训练项目）
1	电工综合实验装置	验证电工学基本定理	台	20	电工安全操作规程认知、常用电工工具使用及相应电气参数测量、电工基本操作技能训练、电工测量仪表使用、常用元件识别与检测、常用电子测量工具使用、利用专用仪表测量电子元器件的电气参数、安全用电与触电急救等
2	电子综合实验装置	验证电子学基本定理	台	20	
3	万用表	测量电压、电流、电阻、电容量、电感量和半导体参数	只	20	
4	交流毫伏表	测量毫伏级以下的毫状、微伏交流电压	只	20	
5	函数信号发生器	产生常见函数信号，具有调幅、调频、调相等功能	台	20	
6	双踪示波器	测量直流信号、交流信号的电压幅度；测量交流信号的周期以及两个信号之间的相位差，并显示交流信号的波形	台	20	
7	直流稳压电源	提供直流稳压电源	台	20	

2. 化学分析实训（实验）室

功能说明：适用于开展基础化学实验、材料化学分析等实训。

主要设备及标准(以一个标准班40人配置)：

序号	设备名称	用途	单位	基本配置	适用范围（职业技能训练项目）
1	高温炉	元素分析测定试验、灰分测定试验、高温加热试验	台	5	玻璃仪器及实验用品认知、物料称量、物料干燥或烘干处理、物料灼烧或灰化处理、标准溶液配制与标定、滴定分析操作练习、无机物和有机物检验、分析准备与试样处理、滴定分析、重量分析等
2	通风橱	排除实验操作时产生的有害气体	个	4	
3	电子天平	称量物料的质量	个	40	
4	电热干燥箱	对物料进行烘干处理	台	2	
5	紫外-可见分光光度计	测定待测样品的吸光度	台	20	

（续表）

序号	设备名称	用途	单位	基本配置	适用范围（职业技能训练项目）
6	酸度计	测定溶液的酸碱度	个	20	
7	游离氧化钙测定仪	测定水泥中的游离氧化钙含量	台	20	
8	火焰光度计	测定水泥中的钾、钠含量	台	20	
9	气相色谱仪	用气相色谱法分离分析有关物质	台	2	
10	高效液相色谱仪	用液相色谱法分离分析有关物质	台	2	
11	离子计	测量溶液中的离子浓度，以及溶液的电位、pH、pX、浓度值和温度值	台	20	
12	电位滴定仪	用电位滴定法自动控制滴液系统的滴定速度	台	10	
13	折光仪	测定物质的折光率	台	5	
14	旋光仪	测定物质的旋光度	台	5	
15	纯水制备设备	制备实验用纯水	台	2	
16	滴定管	滴定操作	根	80	
17	容量瓶	配制标准滴定溶液	个	40	
18	移液管	准确定量移取溶液	根	80	
19	坩埚	熔解试样	个	40	
20	烧杯	滴定操作	个	120	
21	称量瓶	使用分析天平称取一定质量的试样，也可用于烘干试样	个	40	
22	锥形瓶	滴定操作	个	120	

3. 材料力学实训（实验）室

功能说明：适用于开展材料拉伸和抗压等力学性能检测、性能指标分析与评价、检测仪器设备操作与维护等实训。

主要设备及标准(以一个标准班40人配置)：

序号	设备名称	用途	单位	基本配置	适用范围（职业技能训练项目）
1	钢筋弯曲试验机	标准试件弯曲、反向弯曲试验	台	1	水泥胶砂强度检测、钢筋力学性能试验、混凝土（砂浆）强度检测、墙体材料强度检测、保温隔热材料强度及软化系数检测、防水卷材拉伸试验等
2	液压式万能试验机	标准试件拉伸、压缩试验	台	1	
3	钢筋标距打点机	金属试样标距划线	台	2	
4	游标卡尺	试样标距量取	把	10	
5	电液伺服万能试验机	标准试件和钢材拉伸、压缩试验，以及保温材料、墙体材料和混凝土强度检测	台	1	
6	0.5级全自动水泥抗折抗压试验机（新标准）	水泥抗折、抗压强度检测	台	1	
7	水泥抗压夹具	水泥胶砂试件抗压强度检测	套	1	
8	机器人全自动混凝土压力试验机	全自动混凝土压力试验	台	1	

4. 结构材料实训（实验）室

功能说明:适用于开展水泥物理性能检测、质量分析与评价、检测仪器设备操作与维护等实训。

主要设备及标准(以一个标准班40人配置):

序号	设备名称	用途	单位	基本配置	适用范围（职业技能训练项目）
1	行星式水泥胶砂搅拌机	水泥胶砂搅拌	台	8	水泥细度检测、水泥密度检测、水泥比表面积检测、水泥胶砂流动度检测、水泥胶砂强度检测（与力学实验室共用设备），以及水泥标准稠度用水量、凝结时间、安定性检测等
2	水泥胶砂试体成型振实台	水泥胶砂试体成型振实	台	8	
3	水泥胶砂振动台	水泥胶砂振实	台	8	
4	水泥抗折试验机	水泥抗折强度检测	台	8	
5	水泥抗压试验机	水泥抗压强度检测	台	8	
6	40 mm×40 mm 水泥抗压夹具	水泥抗压强度检测，以及放置水泥试块	个	16	
7	水泥胶砂试模	水泥试块成型	套	50	
8	水泥胶砂试体养护箱	水泥试块养护	台	3	

(续表)

序号	设备名称	用途	单位	基本配置	适用范围（职业技能训练项目）
9	水泥试块养护水槽	水泥试块养护	个	50	
10	水泥快速养护箱	水泥试块快速养护	台	2	
11	水泥净浆搅拌机	水泥净浆搅拌	台	8	
12	水泥净浆标准稠度及凝结时间测定仪	水泥净浆标准稠度及凝结时间检测	台	10	
13	水泥安定性试验用沸煮箱	水泥净浆体积安定性检测	台	10	
14	雷氏夹膨胀测定仪	水泥净浆体积安定性检测	台	10	
15	水泥胶砂流动度测定仪	水泥胶砂流动度检测	台	8	
16	勃氏透气仪	水泥比表面积检测	台	10	
17	负压筛析仪	水泥细度检验和水泥生产控制	台	10	
18	李氏瓶	水泥密度检测	个	10	
19	恒温水槽	水泥密度检测	个	10	
20	电热鼓风干燥箱	烘干物料	台	8	
21	电子天平	称量物料的重量	个	30	
22	秒表	计时	个	30	
23	游标卡尺	水泥胶砂流动度测量	把	10	

5. 混凝土性能检测实训（实验）室

功能说明:适用于开展混凝土原料(骨料)、混凝土拌合物、硬化混凝土、砂浆等物理性能检测、质量分析与评价、检测仪器设备操作与维护等实训。

主要设备及标准(以一个标准班40人配置):

序号	设备名称	用途	单位	基本配置	适用范围（职业技能训练项目）
1	电动振筛机	砂石细度检测	台	2	砂石骨料性能检测、混凝土拌合物坍落度和表观密度检测、混凝土强度检测、混凝土抗渗性检测等
2	细集料亚甲蓝试验装置	石粉检测	台	4	
3	针片状颗粒测定仪	针片状颗粒检测	套	4	

(续表)

序号	设备名称	用途	单位	基本配置	适用范围（职业技能训练项目）
4	容积升（混凝土容重试验仪）	混凝土表观密度检测	套	4	
5	石子压碎值测定仪	石子强度检测	台	1	
6	混凝土搅拌机	混凝土搅拌	台	2	
7	混凝土振动台	混凝土振实	台	2	
8	混凝土坍落度测定仪	混凝土流动性检测	台	10	
9	混凝土维勃稠度测定仪	干硬性混凝土流动性检测	台	4	
10	混凝土恒温恒湿控制仪	混凝土养护	台	1	
11	电子磅秤	物料称量	台	4	
12	混凝土压力机	混凝土强度检测	台	1	
13	混凝土抗压试模	混凝土试块成型	组	15	
14	混凝土抗折试模	混凝土试块成型	组	15	
15	实验台	仪器放置及操作平台	套	10	
16	鼓风恒温干燥箱	烘干试验	台	4	

6. 墙体材料性能检测实训（实验）室

功能说明：适用于开展墙体材料物理性能检测、质量分析与评价、检测仪器设备操作与维护等实训。

主要设备及标准(以一个标准班40人配置)：

序号	设备名称	用途	单位	基本配置	适用范围（职业技能训练项目）
1	砖用卡尺	测量砌墙砖的外形尺寸、弯曲、杂质凸出等	把	40	墙体材料外观质量及尺寸偏差检测、墙体材料体积密度检测、墙体材料吸水率和饱和系数检测、墙体材料抗折强度检测（与力学实验室共用设备）等
2	钢直尺	砌墙砖尺寸测量和外观质量检测	把	40	
3	材料试验机	砌墙砖抗折强度检测	台	1	
4	调温调湿箱	烘干材料	台	1	

（续表）

序号	设备名称	用途	单位	基本配置	适用范围（职业技能训练项目）
5	冷却箱	冷却材料	台	1	
6	电子台秤	称量物料的重量	台	5	
7	电子天平	称量物料的重量	个	5	

7. VR 材料体验馆

功能说明：适用于开展云游材料馆（包括材料品种介绍、新材料发展趋势预测、新材料检测设备及使用方法介绍等）、佩戴 VR 眼镜进行部分材料的性能检测与评估等实训。

主要设备及标准（以一个标准班 40 人配置）：

序号	设备名称	用途	单位	基本配置	适用范围（职业技能训练项目）
1	计算机	安装运行建筑材料的虚拟仿真软件	台	5	结构材料、装饰材料、专用材料的低碳节能、智能化生产及其应用等
2	交换机	连接计算机设备以实现网络互通	台	1	
3	主屏幕	教师机屏幕投影、软件操作演示	块	1	
4	VR 眼镜	创建虚拟环境	副	5	
5	VR 仿真系统	建筑材料生产与应用的虚拟仿真实训	套	1	

8. 新型墙体材料虚拟仿真实训（实验）室

功能说明：适用于开展新型墙体材料虚拟仿真操作等实训。

主要设备及标准（以一个标准班 40 人配置）：

序号	设备名称	用途	单位	基本配置	适用范围（职业技能训练项目）
1	计算机	安装运行新型墙体材料的虚拟仿真软件	台	41	蒸压加气混凝土砌块生产情境模拟、纸面石膏板生产情境模拟等
2	交换机	连接计算机设备以实现网络互通	台	1	

（续表）

序号	设备名称	用途	单位	基本配置	适用范围 （职业技能训练项目）
3	主屏幕	教师机屏幕投影、软件操作演示	块	1	
4	电脑桌椅	放置计算机，以及小组讨论、汇总	套	41	
5	蒸压加气混凝土砌块生产虚拟仿真软件	蒸压加气混凝土砌块生产的虚拟仿真实训	套	1	
6	纸面石膏板生产虚拟仿真软件	纸面石膏板生产的虚拟仿真实训	套	1	

9. 建筑功能材料虚拟仿真实训（实验）室

功能说明：适用于开展建筑功能材料虚拟仿真操作等实训。

主要设备及标准（以一个标准班40人配置）：

序号	设备名称	用途	单位	基本配置	适用范围 （职业技能训练项目）
1	计算机	安装运行建筑功能材料的虚拟仿真软件	台	41	
2	交换机	连接计算机设备以实现网络互通	台	1	
3	主屏幕	教师机屏幕投影、软件操作演示	块	1	干混砂浆生产情境模拟、无机外墙涂料生产情境模拟、保温吸声材料生产情境模拟、仿石砖系列生产情境模拟等
4	电脑桌椅	放置计算机，以及学生上机实训	套	41	
5	干混砂浆、无机外墙涂料、保温吸声材料、仿石砖系列、混凝土抗裂防水剂、中空玻璃、钢化玻璃、功能性墙地砖、聚合物水泥防水涂料、建筑用轻质高强陶瓷板、聚合物水泥防水砂浆、玻化砖系列等生产虚拟仿真软件	干混砂浆等生产工艺流程的虚拟仿真实训	套	1	

10. 混凝土制品虚拟仿真实训（实验）室

功能说明:适用于开展混凝土制品虚拟仿真操作等实训。

主要设备及标准(以一个标准班40人配置):

序号	设备名称	用途	单位	基本配置	适用范围 (职业技能训练项目)
1	计算机	安装运行新型建材制备的虚拟仿真软件	台	41	混凝土小型空心砌块生产情境模拟、水泥类屋面瓦材生产情境模拟、加气混凝土砌块生产情境模拟等
2	交换机	连接计算机设备以实现网络互通	台	1	
3	主屏幕	教师机屏幕投影、软件操作演示	块	1	
4	电脑桌椅	放置计算机,以及学生上机实训	套	41	
5	混凝土小型空心砌块生产虚拟仿真软件	混凝土小型空心砌块生产的虚拟仿真实训	套	1	
6	水泥类屋面瓦材生产虚拟仿真软件	水泥类屋面瓦材生产的虚拟仿真实训	套	1	
7	加气混凝土砌块生产虚拟仿真软件	加气混凝土砌块生产的虚拟仿真实训	套	1	

注:

(1) 实训(实验)室的划分和装备标准应涵盖所有专业核心课程和专业(技能)方向课程的实训(实验)需要。

(2) 实训(实验)室的工位数应足够多,以满足学生充分动手的需要。

(3) 实训(实验)室设计应贴近企业实际,尽量创设真实的工作情境,从而实现理论与实践相结合的一体化教学。

第二部分

上海市中等职业学校新型建筑材料生产技术专业必修课程标准

电工电子基础课程标准

┃课程名称

电工电子基础

┃适用专业

中等职业学校新型建筑材料生产技术专业

一、课程性质

本课程是中等职业学校新型建筑材料生产技术专业的一门专业核心课程,也是该专业的一门必修课程。其功能是使学生掌握新型建筑材料生产所需的电工电子基础知识和基本技能,具备从事新型建筑材料生产设备维护等工作岗位所需的职业能力。本课程是新型建筑材料生产技术专业的入门课程,为学生后续学习其他专业课程奠定基础。

二、设计思路

本课程遵循任务引领、做学合一的原则,根据新型建筑材料生产技术专业职业岗位的工作任务与职业能力分析结果,以新型建筑材料生产设备维护工作领域所需的电工电子基础知识和基本技能为依据而设置。

课程内容紧紧围绕新型建筑材料生产设备维护能力培养的需要,选取了新型建筑材料生产设备用电过程中涉及的电路基础知识和常用电工工具等内容,遵循适度够用的原则,确定相关理论知识、专业技能与要求,并融入电工职业技能等级证书(初级)的相关考核要求。

课程内容组织按照职业能力发展规律和学生认知规律,以新型建筑材料生产设备维护的典型工作任务为逻辑主线,包括用电安全防护、常用电工工具和仪表使用、直流电路装接与测试、交流电路装接与测试、整流电路装接与测试、放大电路装接与测试、稳压电路装接与测试7个学习任务。以任务为引领,通过任务整合相关知识、技能与职业素养,充分体现任务引领型课程的特点。

本课程建议学时数为72学时。

三、 课程目标

通过本课程的学习,学生能掌握新型建筑材料生产设备用电过程中涉及的电工电子基础知识,并能熟练使用电工工具和仪表进行电工操作及电路检测,达到电工职业技能等级证书(初级)的相关考核要求,具体达成以下职业素养和职业能力目标。

(一)职业素养目标

- 具有良好的职业道德,自觉遵守法律法规和企业规章制度。
- 具有爱岗敬业、严谨细致、专注执着、一丝不苟的职业态度。
- 具有强烈的安全意识、质量意识和工程意识。
- 具有诚实守信的职业品质和较强的责任心。
- 对待工作认真负责,具备良好的沟通协作能力,养成乐于探究、求真务实的科学精神。
- 具有在建筑建材领域工作所需的吃苦耐劳精神。

(二)职业能力目标

- 能阅读生产设备使用说明书,并正确选择电子元器件。
- 能识别和测试电工电子元器件。
- 能通过合理选用电工电子仪表判别电工电子元器件的引脚和性能。
- 能阅读常用电工电子原理图和安装图。
- 能根据图纸进行电子线路的安装和调试。
- 能按照安全规程进行安全生产以及设备用电保护和触电急救。

四、 课程内容与要求

学习任务	技能与学习要求	知识与学习要求	参考学时
1. 用电安全防护	1. 劳动保护用品穿戴 ● 能正确穿戴电工鞋、工作服等劳动保护用品 2. 触电急救 ● 能在紧急情况下正确且快速断电 ● 能正确采取触电急救措施 ● 能对触电者进行心肺复苏 3. 设备用电保护 ● 能正确操作漏电保护装置、接地装置、接零装置等安全防护设备	1. 常用劳动保护用品的分类和作用 ● 简述常用劳动保护用品的分类 ● 举例说明常用劳动保护用品的作用 2. 安全用电措施 ● 归纳说明保护接地与保护接零的方法和工作原理 3. 触电的种类、方式和原理 ● 简述触电的种类、方式和原理 4. 触电急救方法和步骤 ● 说出触电急救方法和步骤 ● 简述心肺复苏法 5. 设备用电保护措施和操作规范 ● 简述电力系统的组成 ● 简述电气"三防"的概念和相应措施 ● 描述漏电保护装置、接地装置、接零装置等安全防护设备的工作原理和操作规范	6
2. 常用电工工具和仪表使用	1. 常用电工工具使用 ● 能正确使用常用电工工具 2. 常用电工仪表使用 ● 能使用电压表正确测量单相负载电压 ● 能使用电流表正确测量单相负载电流 ● 能使用功率表正确测量单相负载功率	1. 常用电工工具的种类和用途 ● 说出常用电工工具的种类 ● 说出常用电工工具的用途 2. 电工仪表的特点 ● 说出指针式万用表和数字式万用表的特点 ● 说出兆欧表和钳形电流表的特点 3. 电工仪表的使用方法和读数方法 ● 说出电压表的使用方法和读数方法 ● 说出电流表的使用方法和读数方法 ● 说出功率表的使用方法和读数方法	6
3. 直流电路装接与测试	1. 直流电路的基本物理量测量 ● 能使用直流电流表、直流电压表和万用表测量直流电路的电流、电压、电阻等,并正确读数 ● 能客观记录实验数据,并据此验证电路中的欧姆定律	1. 直流电路图及相关符号 ● 列举电路图中的常用图形符号 ● 列举电路图中的常用文字符号 2. 直流电路的组成及工作状态 ● 阐述直流电路的组成 ● 解释直流电路的三种工作状态 3. 直流电路的基本物理量及其测量方法	12

（续表）

学习任务	技能与学习要求	知识与学习要求	参考学时
3. 直流电路装接与测试		● 阐述直流电路中电流、电压、电位、电动势、电能、电功率等基本物理量的基本概念 ● 描述使用万用表测量直流电路基本物理量的方法	
	2. 直流电路装接与测试 ● 能绘制简单串并联电路，并完成线路连接和通电试验 ● 能对直流电路的基本物理量进行简单分析和计算	4. 直流电路的连接方式 ● 举例说明电阻串联、并联和混联的连接方式 ● 归纳说明电阻串联、并联和混联电路的特点 5. 直流电路的通电试验方法 ● 说出直流电路的通电试验方法 6. 直流电路的参数计算方法 ● 记住串联、并联和混联电路中等效电阻、电压、电流、电功率的计算公式 ● 复述基尔霍夫电流和电压定律 ● 举例说明 KCL、KVL 方程	
	3. 电容器识别和测量 ● 能识别电容器的种类和型号 ● 能使用万用表检测电容器的好坏 ● 能计算电容串联和并联的等效电容	7. 电容器的充放电与连接特点 ● 描述电容器充放电电路的组成和工作特点 ● 描述电容器充放电的规律以及电容串联和并联的特点 8. 电容的测量方法和判别方法 ● 说出电容的测量方法 ● 说出电容好坏的判别方法 9. 电容串联和并联的等效电容的计算方法 ● 简述电容串联的等效电容的计算方法 ● 简述电容并联的等效电容的计算方法	
4. 交流电路装接与测试	1. 交流电路分析 ● 能分析单相交流电路 ● 能分析三相交流电路	1. 交流电的三要素 ● 概述交流电的三要素 ● 解释相量的概念 2. R、L、C 元件的特性和计算方法 ● 说出 R、L、C 元件在交流电路中的特性 ● 简述感抗和容抗的计算方法 3. 功率的概念和计算方法 ● 解释视在功率、有功功率和无功功率的概念 ● 说出视在功率、有功功率和无功功率的计算方法	12

(续表)

学习任务	技能与学习要求	知识与学习要求	参考学时
4. 交流电路装接与测试	2. 交流电路装接与测试 ● 能正确选择交流电路的线型，并完成正确装接 ● 能使用交流电流表、交流电压表和万用表测试交流电路的工作状态值	4. 三相电源和三相负载不同连接方式的特点及计算方法 ● 概述三相电源不同连接方式的特点 ● 简述三相负载不同连接方式的特点 ● 说出三相负载不同连接方式的计算方法 5. 交流电路的测试方法 ● 说出交流电路的测试方法	
5. 整流电路装接与测试	1. 二极管识别 ● 能正确识读二极管的符号 ● 能画出二极管的结构和符号 ● 能根据型号识别二极管的类型	1. 半导体的类型和特点 ● 了解常用半导体材料的类型和特点 ● 简述 PN 结的单向导电性及相关条件	
	2. 二极管检测 ● 能使用万用表检测二极管的极性 ● 能根据检测结果判别二极管的好坏	2. 二极管的分类和主要参数 ● 列举常用二极管的类型和材料 ● 归纳说明二极管的主要参数及其含义和使用要求 3. 二极管的伏安特性 ● 归纳说明二极管的伏安特性 ● 了解伏安特性曲线各区域的工作特点 4. 二极管的检测方法和判别方法 ● 说出二极管极性的检测方法 ● 说出二极管好坏的判别方法	12
	3. 单相整流滤波电路元件选用 ● 能使用万用表判别电路相关元件的好坏 ● 能根据参数要求正确选用整流二极管	5. 单相整流滤波电路的功能和元件组成 ● 说出单相整流滤波电路的功能 ● 说出单相整流滤波电路的元件组成 6. 单相整流滤波电路元件的测量方法和判别方法 ● 说出单相整流滤波电路元件的测量方法和判别方法 7. 整流二极管的常用型号和参数 ● 了解整流二极管的常用型号 ● 说出选用整流二极管时应满足的参数要求	

（续表）

学习任务	技能与学习要求	知识与学习要求	参考学时
5. 整流电路装接与测试	4. 单相整流滤波电路装接与测量 ● 能完成单相整流滤波电路的装接与调试 ● 能使用万用表测量相关电量参数	8. 单相整流滤波电路的装接方法、调试方法和工艺要求 ● 描述单相整流滤波电路的装接方法 ● 描述单相整流滤波电路的调试方法 ● 概述单相整流滤波电路装接的工艺要求	
6. 放大电路装接与测试	1. 三极管识别 ● 能使用万用表判别三极管的管脚、类型和好坏	1. 电流放大原理 ● 描述三极管的结构 ● 理解电流放大原理以及输入和输出特性 ● 描述放大电路的基本组成 ● 识记放大电路的静态分析和动态分析 ● 描述放大电路静态工作点的稳定以及负反馈的作用 ● 识记射极输出器和差动放大电路的作用 2. 三极管的检测方法和判别方法 ● 概述三极管极性的检测方法 ● 说出三极管管脚的判别方法 ● 说出三极管类型的判别方法 ● 说出三极管好坏的判别方法	12
	2. 基本放大电路元件选用 ● 能使用万用表判别电路相关元件的好坏 ● 能根据参数要求正确选用三极管	3. 基本放大电路的组成 ● 记住共射极放大电路原理图 ● 归纳说明共射极放大电路的结构和主要元器件的作用 4. 基本放大电路的工作原理 ● 归纳说明小信号放大器静态工作点和动态性能指标（放大倍数、输入电阻、输出电阻） ● 举例说明放大电路直流通路和交流通路的画法	
	3. 基本放大电路装接与调试 ● 能根据原理图装接共射极放大电路 ● 能使用信号发生器、示波器、交流毫伏表等常用电子仪器仪表调试和测量各项技术参数 ● 能正确描绘测量所得的波形，并记录波形参数	5. 基本放大电路的装接步骤和工艺要求 ● 概述基本放大电路的装接步骤和工艺要求 6. 信号发生器的面板组成和使用方法 ● 了解信号发生器的面板组成 ● 说出各按钮的名称、作用和使用方法 7. 交流毫伏表的面板组成和使用方法 ● 了解交流毫伏表的面板组成 ● 说出各按钮的名称、作用和使用方法	

（续表）

学习任务	技能与学习要求	知识与学习要求	参考学时
7. 稳压电路装接与测试	1. 稳压二极管识别和检测 ● 能正确识读稳压二极管的符号 ● 能使用万用表检测稳压二极管的管脚，并判别其好坏	1. 稳压二极管的工作特性和工作条件 ● 了解稳压二极管的工作特性 ● 说出稳压二极管的工作条件 2. 稳压二极管的主要参数和使用要求 ● 了解稳压二极管的主要参数及其含义 ● 说出稳压二极管的使用要求 3. 稳压二极管的检测方法和判别方法 ● 概述稳压二极管的检测方法 ● 说出稳压二极管好坏的判别方法	12
	2. 典型稳压电路装接与调试 ● 能使用万用表判别电路相关元件的好坏，并正确选用稳压二极管 ● 能使用万用表调试典型稳压电路	4. 典型稳压电路的基本形式和装接方法 ● 记住并联稳压电路、具有放大环节的串联稳压电路原理图 ● 说出典型稳压电路的装接方法 5. 三端集成稳压器的类型、主要参数和应用场合 ● 记住常用三端集成稳压器的类型 ● 记住常用三端集成稳压器的主要参数及其含义 ● 列举三端集成稳压器的应用场合 6. 典型稳压电路的工作原理 ● 了解典型稳压电路（串联稳压电路）的工作原理	
总学时			72

五、 实施建议

（一）教材编写与选用建议

1. 应依据本课程标准编写教材或选用教材，从国家和市级教育行政部门发布的教材目录中选用教材，优先选用国家和市级规划教材。

2. 教材要充分体现育人功能，紧密结合教材内容、素材，有机融入课程思政要求，将课程思政内容与专业知识、技能有机统一。

3. 教材编写应转变以教师为中心的传统教材观，以学生的"学"为中心，遵循中职学生的学习特点与规律，以学生的思维方式设计教材结构和组织教材内容。

4. 教材编写应以职业能力为逻辑线索，按照职业能力培养由易到难、由简单到复杂、由单一到综合的规律，确定教材各部分的目标、内容，并进行相应的任务、活动设计等，从而构建结构清晰、层次分明的教材内容体系。

5. 教材在进行整体设计和内容选取时,要注重引入行业发展的新业态、新知识、新技术、新工艺、新方法,对接相应的职业标准和岗位要求,贴近工作实际,体现先进性和实用性,创设或引入职业情境,增强教材的职场感。

6. 教材应以学生为本,增强对学生的吸引力,贴近岗位技能与知识的要求,符合学生的认知,采用生动活泼的、学生乐于接受的语言、图表等呈现内容,让学生在使用教材时有亲切感、真实感。

7. 教材应注重实践内容的可操作性,强调在操作中理解与应用理论。

(二)教学实施建议

1. 切实推进课程思政在教学中的有效落实,寓价值观引导于知识传授和能力培养中,帮助学生塑造正确的世界观、人生观、价值观。深入梳理教学内容,结合课程特点,充分挖掘课程内容中的思政元素,把思政教学与专业知识、技能教学融为一体,达到润物无声的育人效果。

2. 充分体现职业教育"实践导向、任务引领、理实一体、做学合一"的课改理念,紧密联系新型建筑材料生产技术行业的实际应用,以岗位的典型工作任务为载体,加强理论教学与实践教学的结合,充分利用各种实训场所与设备,以学生为教学主体,以能力为本位,以职业活动为导向,以专业技能为核心,使学生在做中学、学中做,引导学生进行实践和探索,注重培养学生的实际操作能力、分析问题和解决问题的能力。

3. 牢固树立以学生为中心的教学理念,充分尊重学生。教师应成为学生学习的组织者、指导者和同伴,遵循学生的认知特点和学习规律,围绕学生的"学"设计教学活动。

4. 改变传统的灌输式教学,充分调动学生学习的积极性、能动性,紧密结合电工职业技能等级证书(初级)的相关考核要求,强调理论知识在实践中的应用,重点培养学生安全规范地进行电工操作、电路分析与检测的动手能力,并使学生掌握相关技能。

5. 依托多元的现代信息技术手段,将其有效运用于教学,改进教学方法与手段,提升教学效果。

6. 注重技能训练及重点环节的教学设计,每次活动都力求使学生上一个新台阶,技能训练既有连续性又有层次性。

7. 注重培养学生良好的操作习惯,把法治意识、规范意识、安全意识、质量意识、服务意识、职业道德和敬业精神融入教学活动中,促进学生综合职业素养的养成。

(三)教学评价建议

1. 以课程标准为依据,开展基于课程标准的教学评价。

2. 以评促教、以评促学,通过课堂教学及时评价,不断改进教学手段。

3. 教学评价始终坚持德技并重的原则,构建德技融合的专业课教学评价体系,把思政和职业素养的评价内容与要求细化为具体的评价指标,有机融入专业知识与技能的评价指标体系中,形成可观察可测量的评价量表,综合评价学生学习情况。通过有效评价,在日常教学中不断促进学生良好的思想品德和职业素养的形成。

4. 注重日常教学中对学生学习的评价,充分利用多种过程性评价工具,如评价表、记录袋等,积累过程性评价数据,形成过程性评价与终结性评价相结合的评价模式。

5. 在日常教学中开展对学生学习的评价时,充分利用信息化手段,借助各类较成熟的教育评价平台,探索线上与线下相结合的评价模式,提高评价的科学性、专业性和客观性。

(四) 资源利用建议

1. 注重实训指导手册、课堂配套练习册、实训教材的开发和应用。

2. 注重数字教材、多媒体教学课件和仿真软件等现代化教学资源的开发和利用,努力实现优质教学资源共享,以提高课程资源利用率。

3. 积极开发和利用网络课程资源,充分利用电子书籍、电子期刊、数字图书馆、教育网站和电子论坛等网络资源,以提高教学效率。

4. 充分利用学校的实训设施设备,使教学与实训合二为一,满足学生综合职业能力培养的要求。

新型建筑材料课程标准

课程名称

新型建筑材料

适用专业

中等职业学校新型建筑材料生产技术专业

一、 课程性质

本课程是中等职业学校新型建筑材料生产技术专业的一门专业核心课程,也是该专业的一门必修课程。其功能是使学生掌握新型建筑材料的品种、成分、分类、特点、基本性质、基本应用等基础知识,具备根据工程需要选用相关材料的职业能力。本课程为学生后续学习其他专业课程奠定基础。

二、 设计思路

本课程遵循理实一体、做学合一的原则,根据新型建筑材料生产技术专业职业岗位的工作任务与职业能力分析结果,以各种新型建筑材料的基础知识为依据而设置。

课程内容紧紧围绕新型建筑材料识别和选用能力培养的需要,紧跟国家绿色低碳发展战略指引,坚持建材绿色低碳可持续发展,贯彻绿色发展理念,根据建材行业高端化、智能化、绿色化、融合化发展趋势,融入新型建材前沿技术,遵循适度够用的原则,确定相关理论知识、专业技能与要求,并融入水泥混凝土制品工职业技能等级证书(四级)的相关考核要求。

课程内容组织按照职业能力发展规律和学生认知规律,以新型建筑材料识别和选用的典型工作任务为逻辑主线,包括新型建筑材料发展概况、新型结构材料、新型墙体材料、新型保温隔热材料、新型防水材料、新型装饰装修材料6个学习主题。注重理论联系实际,以及整合相关知识、技能与职业素养。

本课程建议学时数为72学时。

三、 课程目标

通过本课程的学习,学生能掌握新型建筑材料的品种、成分、分类、特点、基本性质、基本应用等基础知识,也能根据工程需要选用相关材料,达到水泥混凝土制品工职业技能等级证书(四级)的相关考核要求,具体达成以下职业素养和职业能力目标。

(一) 职业素养目标

● 积极培育和践行社会主义核心价值观。

● 具有建材生产低碳化、科学发展、绿色节能的思想理念和环保意识。

● 培养民族自豪感和家国情怀,追求精益求精的职业精神。

● 严格遵守建材行业的标准和规范,树立标准意识,坚守职业道德。

● 具有虚心好学、积极进取的职业心态以及乐于奉献的团队精神。

(二) 职业能力目标

● 能分辨新型建筑材料的种类,并查阅相关国家标准。

● 能查找新型结构材料的相关技术指标,并判断其特点和适用范围。

● 能判断新型墙体材料的等级、特点和应用场合。

● 能区分新型保温隔热材料的绝热机理,并判断其特点和应用场合。

● 能辨别新型防水材料的种类,并判断其特点和应用场合。

● 能识别不同类型的新型装饰装修材料,并判断其特点和应用场合。

四、 课程内容与要求

学习主题	内　容　与　要　求	参考学时
1. 新型建筑材料 发展概况	1. 新型建筑材料的定义和分类 ● 说出新型建筑材料的定义 ● 说出新型建筑材料的分类 2. 新型建筑材料的发展状况和发展方向 ● 了解新型建筑材料的发展状况和发展方向 3. 国家标准的定义和分类 ● 说出国家标准的定义和分类 ● 举例说明与新型建筑材料相关的国家标准 4. 国家标准的制定和修改 ● 说出国家标准的组成部分 ● 说出国家标准的制定和修改流程	4

学习主题	内　容　与　要　求	参考学时
2. 新型结构材料	1. 建筑石膏的化学成分和特点 ● 说出建筑石膏的化学成分和特点 2. 建筑石膏的国家标准和相关应用 ● 简述建筑石膏的技术要求 ● 举例说明建筑石膏的相关应用 3. 建筑石灰的化学成分和特点 ● 说出建筑石灰的化学成分和特点 4. 建筑石灰的国家标准和相关应用 ● 简述建筑石灰的技术要求 ● 举例说明建筑石灰的相关应用 5. 材料的结构和性质 ● 说出材料密度、表观密度和堆积密度的含义 ● 说出材料密度、表观密度和堆积密度的区别 ● 说出材料孔隙率和密实度的定义 ● 概述材料孔隙率和密实度的关系 ● 说出材料空隙率和填充率的定义 ● 概述材料空隙率和填充率的关系 6. 材料与水有关的性质 ● 说出吸水性的定义 ● 举例说明吸水性对材料性能的影响 ● 说出吸湿性的定义 ● 举例说明吸湿性对材料性能的影响 ● 说出耐水性的定义 ● 举例说明耐水性对材料性能的影响 ● 说出抗冻性的定义 ● 举例说明抗冻性对材料性能的影响 ● 说出材料抗冻性能的试验方法 7. 常用水泥的基本知识 ● 说出水泥的组成和分类 ● 简述不同品种水泥的技术要求 ● 举例说明不同品种水泥的特性和应用 8. 纤维改性水泥基复合材料的基本知识 ● 说出纤维的分类和作用 ● 说出常见纤维改性水泥基复合材料的分类、特点和应用 9. 活性粉末水泥基材料的基本知识 ● 了解活性粉末水泥基材料的制备原理 ● 说出活性粉末水泥基材料的性能 ● 举例说明活性粉末水泥基材料的应用	26

(续表)

学习主题	内　容　与　要　求	参考学时
2. 新型结构材料	10. 地聚合物水泥基材料的基本知识 ● 了解地聚合物水泥基材料的生产工艺 ● 说出地聚合物水泥基材料的性能 ● 举例说明地聚合物水泥基材料的应用 11. 环境友好型水泥基复合材料的基本知识 ● 说出环境友好型水泥基复合材料的作用 ● 举例说明环境友好型水泥基复合材料的种类和应用 12. 普通混凝土的材料组成、分类和应用 ● 说出普通混凝土的材料组成 ● 说出普通混凝土的分类和应用 ● 阐述普通混凝土的性能和技术要求 13. 高强混凝土和高性能混凝土的区别 ● 说出高强混凝土和高性能混凝土与普通混凝土在微观结构上的区别 ● 说出实现高强度的技术途径 14. 轻混凝土的分类和应用 ● 说出轻混凝土的分类 ● 举例说明轻混凝土的应用 15. 干硬性混凝土的定义和应用 ● 说出干硬性混凝土的定义 ● 举例说明干硬性混凝土的应用 16. 透水性混凝土的作用、分类和性能 ● 说出透水性混凝土的作用 ● 举例说明透水性混凝土的分类 ● 说出透水性混凝土的性能 17. 绿化混凝土的作用、分类和性能 ● 说出绿化混凝土的作用 ● 举例说明绿化混凝土的分类 ● 说出绿化混凝土的性能	
3. 新型墙体材料	1. 新型墙体材料的基本知识 ● 说出新型墙体材料的特点 ● 举例说明新型墙体材料的分类 ● 简述新型墙体材料的发展趋势 2. 砌墙砖的基本知识 ● 说出砌墙砖的分类 ● 说出不同砌墙砖的原料和特点 ● 了解不同砌墙砖的性能和技术要求 ● 举例说明不同砌墙砖的应用	8

学习主题	内　容　与　要　求	参考学时
3. 新型墙体材料	3. 砌块的基本知识 ● 说出砌块的定义和分类 ● 说出不同砌块的原料和特点 ● 了解不同砌块的性能和技术要求 ● 举例说明不同砌块的应用 4. 轻质墙板的基本知识 ● 概述轻质墙板的特点 ● 说出轻质墙板的分类 ● 了解不同轻质墙板的性能和技术要求 5. 复合墙体的基本知识 ● 概述复合墙体的构成和特点 ● 举例说明复合墙体的应用 6. 节能墙体材料的基本知识 ● 了解节能墙体材料的作用和分类 ● 举例说明不同节能墙体材料的特点和应用	
4. 新型保温隔热材料	1. 热量传递的基本方式和基本过程 ● 说出热量传递的基本方式 ● 说出热量传递的基本过程 2. 新型保温隔热材料的绝热机理 ● 了解多孔型、纤维型、反射型材料的绝热机理 3. 新型保温隔热材料的基本知识 ● 说出保温隔热材料的定义 ● 举例说明建筑保温隔热技术 4. 无机保温隔热材料的基本知识 ● 说出无机保温隔热材料的分类和特点 ● 举例说明不同无机保温隔热材料的应用 5. 有机保温隔热材料的基本知识 ● 说出有机保温隔热材料的分类和特点 ● 举例说明不同有机保温隔热材料的应用 6. 新型保温隔热材料的选用原则 ● 说出新型保温隔热材料的选用原则	8
5. 新型防水材料	1. 防水材料的基本知识 ● 了解防水材料的发展历史 ● 说出防水材料的防水机理 ● 说出亲水性和憎水性的含义 ● 归纳防水材料的分类	12

（续表）

学习主题	内　容　与　要　求	参考学时
5. 新型防水材料	2. 材料力学性质概述 ● 说出材料强度的定义和分类 ● 了解弹性变形和塑性变形的定义 ● 了解弹性变形和塑性变形的原理 ● 了解弹性变形和塑性变形的区别 ● 说出脆性和韧性的定义 ● 举例说明常见脆性材料和韧性材料 3. 新型防水卷材的基本知识 ● 说出新型防水卷材的组成 ● 说出新型防水卷材的分类和特点 ● 了解不同新型防水卷材的物理性能 ● 举例说明不同新型防水卷材的应用 4. 新型防水涂料的基本知识 ● 说出新型防水涂料的组成 ● 说出新型防水涂料的分类和物理性能 ● 举例说明不同新型防水涂料的应用 5. 新型防水混凝土的基本知识 ● 说出柔性防水和刚性防水的区别 ● 说出新型刚性防水技术的特点 ● 举例说明不同新型防水混凝土的应用 6. 新型建筑密封材料的基本知识 ● 说出新型建筑密封材料的分类和特点 ● 举例说明新型建筑密封材料的组成和应用	
6. 新型装饰装修材料	1. 建筑装饰涂料的基本知识 ● 说出建筑装饰涂料的功能和分类 ● 说出建筑装饰涂料的基本组成 2. 外墙涂料的基本知识 ● 说出外墙涂料的分类和基本组成 ● 举例说明不同外墙涂料的特点和应用 3. 内墙涂料的基本知识 ● 说出内墙涂料的分类和基本组成 ● 举例说明不同内墙涂料的特点和应用 4. 地面涂料的基本知识 ● 说出地面涂料的分类和基本组成 ● 举例说明不同地面涂料的特点和应用	14

（续表）

学习主题	内　容　与　要　求	参考学时
6. 新型装饰装修材料	5. 不同功能性建筑涂料的分类和应用 ● 说出防火涂料的分类和应用 ● 说出防腐涂料的分类和应用 ● 说出防霉涂料的分类和应用 6. 新型环保涂料的基本知识 ● 说出新型环保涂料的作用和分类 ● 举例说明不同新型环保涂料的特点和应用 7. 建筑装饰石材的分类、特点和应用 ● 说出建筑装饰石材的分类、特点和应用 8. 天然石材的基本知识 ● 说出天然石材的特点和选用原则 ● 举例说明不同天然石材的组成、分类和应用 9. 人造石材的基本知识 ● 说出人造石材的特点和选用原则 ● 举例说明不同人造石材的组成、分类和应用 10. 建筑装饰陶瓷的基本知识 ● 了解陶瓷的发展历史 ● 说出建筑装饰陶瓷的定义、分类和特点 11. 釉面砖的基本知识 ● 说出釉面砖的特点 ● 举例说明釉面砖的应用 12. 墙地砖的基本知识 ● 说出墙地砖的分类 ● 举例说明不同墙地砖的特点和应用 13. 新型墙地砖的基本知识 ● 说出新型墙地砖的分类 ● 举例说明不同新型墙地砖的特点和应用 14. 建筑装饰玻璃的基本知识 ● 说出玻璃的定义和分类 ● 了解建筑装饰玻璃的基本性质 15. 不同安全玻璃的特点和应用 ● 说出钢化玻璃的特点和应用 ● 说出夹层玻璃的特点和应用 ● 说出夹丝玻璃的特点和应用 16. 节能玻璃的基本知识 ● 说出吸热玻璃的定义和特点	

（续表）

学习主题	内　容　与　要　求	参考学时
6. 新型装饰装修材料	● 举例说明吸热玻璃的应用 ● 说出低辐射玻璃的定义和特点 ● 举例说明低辐射玻璃的应用 ● 说出中空玻璃的定义和特点 ● 举例说明中空玻璃的应用 ● 说出真空玻璃的定义和特点 ● 举例说明真空玻璃的应用	
总学时		72

五、 实施建议

（一）教材编写与选用建议

1. 应依据本课程标准编写教材或选用教材，从国家和市级教育行政部门发布的教材目录中选用教材，优先选用国家和市级规划教材。

2. 教材内容应结合水泥混凝土制品工职业技能等级证书（四级）的相关考核要求，并在遵循职业教育教学特点和规律的基础上进行适当拓展，以培养学生的学习能力和职业素养，符合职业教育的发展趋势。

3. 教材内容应按照学习主题进行编排。不同学习主题涉及的新型建材基础知识，是建筑行业从业人员必须掌握的专业知识。在满足当前生产实践需求的基础上，教师还要使教材能反映建筑行业和本专业中新技术、新工艺的发展趋势，从而满足新型建材生产、检测和应用的实际需求，以及学生的职业发展需求。

4. 教材编写应追求图文并茂、语言通俗、表达清晰，力求做到易于学生学习和理解，旨在提高学生的学习积极性和主动性。

（二）教学实施建议

1. 切实推进课程思政在教学中的有效落实，寓价值观引导于知识传授和能力培养中，帮助学生塑造正确的世界观、人生观、价值观。深入梳理教学内容，结合课程特点，充分挖掘课程内容中的思政元素，把思政教学与专业知识、技能教学融为一体，达到润物无声的育人效果，并致力于培养学生安全文明生产、严格遵守安全操作规程的职业意识。

2. 在教学手段上，教师应通过展示样品、影像图文资料、多媒体课件、相关企业的生产视频等，帮助学生更直观地了解新型建筑材料的基本性质、生产工艺、质量评价方法等方面的知识和技能。

3. 在教学过程中,教师应以培养学生的职业素养为核心,围绕身边的新型建筑材料展开教学活动,同时引导学生认真学习相关材料性能和国家标准,以此来激发学生的学习兴趣,提高学生的学习成效。

4. 教师应积极为学生学习创造条件,加强学生对相关知识的理解,提高学生的岗位适应能力和职业素养。

5. 教师应关注本专业相关领域的前沿技术,帮助学生拓展学习和就业视野。

(三)教学评价建议

1. 改革考核手段和方法,将职业资格认证所需的知识和技能融入日常教学和评价中,强化对学生职业能力的评价。此外,还要对在学习和应用上有创新的学生给予积极引导和鼓励,力求做到综合评价学生的职业能力,使评价更加科学合理。

2. 采取多样化的评价方式,不能只看学生的期中、期末考试成绩,还要结合课堂提问、平时测验、学生作业、教学活动、考试等方面,对学生进行综合评价。学生成绩由平时考核成绩(30%)、期中考试成绩(30%)和期末考试成绩(40%)组成,其中平时考核主要是对学生的课堂表现(出勤率、发言等)和职业素养(社会责任感、沟通能力、团队协作能力等)进行评价,其评价方式由教师评价和学生自评相结合。

(四)资源利用建议

1. 重视开发符合中职学生学习特点的校本教材。

2. 注重常用课程资源的开发和利用。利用校企合作平台,收集各类新型建筑材料的样品或模板,让学生直观地感受材料特性。制作材料采集、生产、检测等方面的视频、Flash 动画和虚拟仿真软件,开发在线开放课程、虚拟仿真等数字资源,打造课程教学资源库。

3. 充分利用新型建筑材料生产技术专业精品课程资源,如教学录像、课件、教学案例、教学评价等,使课程内容更丰富。

4. 积极开发和利用网络课程资源,充分利用电子书籍、电子期刊、数字图书馆、教育网站和电子论坛等网络资源,使教学媒体从单一媒体向多媒体转变,使教学活动从信息的单向传递向双向传递转变,使学生从单独学习向合作学习转变。

5. 充分利用校企合作资源,与本行业的优质企业建立密切关系,积极建设实习实训基地,满足学生的实习实训需求,并在此过程中进行课程资源开发。

6. 充分利用技能鉴定站的相关资源,使教学与实训合二为一,满足学生综合职业能力培养的要求。

建筑材料节能环保概论课程标准

▎课程名称

建筑材料节能环保概论

▎适用专业

中等职业学校新型建筑材料生产技术专业

一、 课程性质

本课程是中等职业学校新型建筑材料生产技术专业的一门专业核心课程,也是该专业的一门必修课程。其功能是使学生掌握在生产和使用水泥、玻璃、保温材料和防水涂料等典型建筑材料的过程中会产生水污染、大气污染、固体废物污染等基础知识和基本技能,具备从事材料生产与管理、材料检验、材料应用等工作岗位所需的职业能力。本课程为学生后续学习其他专业课程奠定基础。

二、 设计思路

本课程遵循理实一体、做学合一的原则,根据新型建筑材料生产技术专业职业岗位的工作任务与职业能力分析结果,以生产和使用典型建筑材料所需掌握的相关节能环保基础知识为依据而设置。

课程内容紧紧围绕建筑材料节能环保能力培养的需要,选取了碳达峰与碳中和、三废污染与防治、典型建筑材料生产和使用环节的节能环保要求等内容,遵循适度够用的原则,确定相关理论知识、专业技能与要求,并融入水泥混凝土制品工职业技能等级证书(四级)、化学检验员职业技能等级证书(四级)的相关考核要求。

课程内容组织按照职业能力发展规律和学生认知规律,以典型建筑材料生产和使用的典型工作任务为逻辑主线,包括碳达峰与碳中和、水污染与防治、大气污染与防治、固体废物污染与防治、水泥的节能环保、玻璃的节能环保、保温材料的节能环保、防水涂料的节能环保8个学习主题。注重理论联系实际,以及整合相关知识、技能与职业素养。

本课程建议学时数为 72 学时。

三、 课程目标

通过本课程的学习,学生能掌握各种污染物的基础知识,明确水泥、玻璃、保温材料、防水涂料等典型建筑材料在生产和使用环节中的节能环保要求,达到水泥混凝土制品工职业技能等级证书(四级)、化学检验员职业技能等级证书(四级)的相关考核要求,具体达成以下职业素养和职业能力目标。

(一) 职业素养目标

- 具有良好的职业道德,自觉遵守法律法规和企业规章制度。
- 具有爱岗敬业、认真负责、严谨细致、专注执着、一丝不苟的职业态度。
- 具有强烈的节能环保意识。
- 具有保护环境的紧迫感和责任感。
- 具有在建筑建材领域工作所需的吃苦耐劳精神。
- 具有良好的团队合作意识和协作能力。

(二) 职业能力目标

- 能根据水污染情况,选择合适的方法治理水污染。
- 能根据大气污染情况,选择合适的除尘器治理大气污染。
- 能根据固体废物污染情况,选择合适的技术处理固体废物。
- 能通过规范操作相关装置处理水泥生产过程中的烟气、粉尘等污染物。
- 能通过规范操作相关装置处理玻璃生产过程中的烟气、污水等污染物。
- 能了解新型绿色环保水泥和玻璃的生产工艺,并实现节能环保目标。
- 能了解保温材料、防水涂料的节能环保原理和工艺技术要求。
- 能按照要求选择相应的节能环保建筑材料。

四、 课程内容与要求

学习主题	内 容 与 要 求	参考学时
1. 碳达峰与碳中和	1. 全球气候变暖的原因和危害 ● 列举温室气体的种类 ● 解释全球气候变暖的原因 ● 说出全球气候变暖的危害 2. 碳排放的定义和计算方式 ● 说出碳排放的定义 ● 了解碳排放的计算方式 ● 简述建筑行业减少碳排放的路径 3. 碳达峰与碳中和的定义 ● 简述碳达峰与碳中和的定义 ● 说出我国实现碳达峰与碳中和的时间表 ● 简述建筑行业如何实现碳达峰与碳中和的目标	4

（续表）

学习主题	内　容　与　要　求	参考学时
1. 碳达峰与碳中和	4.《巴黎协定》的意义和主要内容 ● 简述《巴黎协定》的意义 ● 说出《巴黎协定》的主要内容 5. 循环经济理念 ● 说出循环经济的定义 ● 简述循环经济与节能减排的关系 6. 低碳经济理念 ● 说出低碳经济的定义 ● 简述低碳经济与节能减排的关系 7. 低碳建筑的定义和技术要点 ● 说出低碳建筑的定义 ● 概述低碳建筑的技术要点	
2. 水污染与防治	1. 水污染的定义 ● 说出水污染的定义 2. 水体污染物的主要来源和危害 ● 说出水体污染物的主要来源 ● 列举水体污染物的危害 3. 水体自净的原理和产生水资源危机的原因 ● 简述水体自净的原理 ● 说出产生水资源危机的原因 4. 水质指标的定义、分类和作用 ● 说出水质指标的定义和分类 ● 简述各类水质指标的作用 5. 水质标准的分类和适用范围 ● 列举常用水质标准的分类 ● 说出不同水质标准的适用范围 ● 了解水质检测方法和标准 6. 沉淀法的基本原理、特点和应用范围 ● 简述沉淀法的基本原理 ● 说出四种沉淀法的特点和应用范围 7. 沉砂池和沉淀池的基本原理、特点和适用条件 ● 说出沉砂池和沉淀池的基本原理 ● 简述各类沉砂池的特点和适用条件 ● 简述各类沉淀池的特点和适用条件 8. 气浮池的工作原理和作用 ● 简述气浮池的工作原理和作用	8

（续表）

学习主题	内 容 与 要 求	参考学时
2. 水污染与防治	9. 化学混凝法的基本原理和影响因素 ● 简述化学混凝法的基本原理 ● 列举化学混凝法的影响因素 ● 说出常用混凝剂和助凝剂 10. 中和法的基本原理 ● 简述中和法的基本原理 ● 描述酸性废水中和处理方法及相关设备 ● 描述碱性废水中和处理方法及相关设备 11. 化学沉淀法的基本原理和适用范围 ● 简述化学沉淀法的基本原理和适用范围 ● 说出常用化学沉淀法 12. 水污染处理 ● 简述如何根据水污染情况,选择合适的方法治理水污染	
3. 大气污染与防治	1. 大气污染的定义和危害 ● 说出大气污染的定义 ● 简述大气污染的危害 2. 大气污染物的类型和主要来源 ● 说出大气污染物的类型 ● 说出大气污染物的主要来源 3. 大气污染控制方法和环境标准 ● 说出大气污染控制方法和适用的环境标准 ● 描述环境空气质量标准和大气污染物综合排放标准的主要内容 ● 了解环境空气质量标准中污染物的分析方法 4. 大气稳定度的含义和分级 ● 说出大气稳定度的含义 ● 简述大气稳定度的分级 ● 描述大气稳定度与大气污染状况的关系 5. 大气污染物扩散模式 ● 列举大气污染物扩散模式 6. 大气污染物扩散的影响因素 ● 说出大气污染物扩散的影响因素 ● 简述大气污染物扩散与气象条件的关系 ● 简述大气污染物扩散与下垫面性质的关系 7. 常用除尘器的除尘机理 ● 举例说明常用除尘器的类型和特点 ● 简述重力沉降室的除尘机理	8

（续表）

学习主题	内　容　与　要　求	参考学时
3. 大气污染与防治	● 简述袋式除尘器的除尘机理 ● 简述湿式除尘器的除尘机理 ● 简述静电除尘器的除尘机理 ● 简述如何根据大气污染情况,选择合适的除尘器治理大气污染 8. 有害气体的特性和危害 ● 说出有害气体的特性和危害 9. 有害气体的净化和装置选用 ● 说出有害气体的净化方法 ● 列举二氧化硫的净化技术 ● 简述如何正确选用二氧化硫净化装置以净化有害气体	
4. 固体废物污染与防治	1. 固体废物的定义、来源、分类和危害 ● 说出固体废物的定义 ● 说出固体废物的来源和分类 ● 举例说明固体废物污染的危害 2. 固体废物的管理 ● 简述我国固体废物的产生和管理现状 ● 了解我国固体废物管理的法律法规 ● 简述我国固体废物管理的技术标准 3. 固体废物的处理方法 ● 简述固体废物的处理方法 4. 固体废物的压实处理 ● 说出压实的目的和原理 ● 举例说明适合压实处理的固体废物 ● 简述如何运用压实技术处理固体废物 5. 固体废物的破碎处理 ● 说出破碎的目的和原理 ● 举例说明破碎机的种类 ● 简述如何运用破碎技术处理固体废物 6. 固体废物的焚烧处理 ● 说出焚烧的目的和原理 ● 简述焚烧设备的结构 ● 简述如何通过规范操作焚烧设备处理固体废物 7. 固体废物的热解处理 ● 说出热解的目的和原理 ● 举例说明热解工艺的类型 ● 简述典型固体废物的热解技术	8

学习主题	内 容 与 要 求	参考学时
4. 固体废物污染与防治	● 简述如何运用热解技术处理固体废物 8. 卫生填埋场的定义和功能 ● 说出卫生填埋场的定义 ● 简述卫生填埋场的功能 9. 卫生填埋场的类型和特点 ● 说出卫生填埋场的类型 ● 说出各类卫生填埋场的特点 10. 渗滤液的主要来源、影响因素和主要污染指标 ● 概述渗滤液的主要来源和影响因素 ● 说出渗滤液的主要污染指标 11. 卫生填埋场防渗层的防渗原理和结构 ● 简述卫生填埋场防渗层的防渗原理 ● 简述卫生填埋场防渗层的结构	
5. 水泥的节能环保	1. 水泥外加剂的种类和主要作用 ● 列举常用水泥外加剂 ● 说出常用水泥外加剂的主要作用 ● 列举能减少能耗的水泥外加剂 2. 水泥减水剂的作用和组成 ● 说出水泥减水剂的作用和组成 3. 水泥减水剂的作用原理和适用范围 ● 概述水泥减水剂的作用原理 ● 说出水泥减水剂的适用范围 ● 简述如何通过选用合适的水泥外加剂实现节能环保 4. 水泥生产过程中烟气的来源和主要成分 ● 说出水泥生产过程中烟气的来源 ● 说出水泥生产过程中烟气的主要成分 5. 烟气污染物的处理方法 ● 简述主要烟气污染物的处理方法 6. 烟气处理的主要装置和主要流程 ● 列举烟气处理的主要装置 ● 概述烟气处理的主要流程 ● 简述如何通过规范操作烟气处理装置处理烟气污染物 7. 烟气处理的国家标准 ● 简述烟气处理相关国家标准的主要内容 8. 水泥生产过程中粉尘的来源和主要成分 ● 说出水泥生产过程中粉尘的来源	12

(续表)

学习主题	内　容　与　要　求	参考学时
5. 水泥的节能环保	● 说出水泥生产过程中粉尘的主要成分 9. 粉尘污染物的处理方法 ● 简述主要粉尘污染物的处理方法 10. 粉尘处理的主要装置和主要流程 ● 列举粉尘处理的主要装置 ● 概述粉尘处理的主要流程 ● 简述如何通过规范操作粉尘处理装置处理粉尘污染物 11. 新型绿色环保水泥的种类、性能和特点 ● 说出新型绿色环保水泥的种类 ● 简述新型绿色环保水泥的性能和特点 12. 新型绿色环保水泥的生产工艺 ● 简述新型绿色环保水泥的生产工艺	
6. 玻璃的节能环保	1. 生产玻璃的主要原材料 ● 说出生产玻璃的主要原材料 2. 玻璃的主要性质和特点 ● 说出玻璃的主要性质和特点 3. 玻璃生产过程中烟气的来源和主要成分 ● 说出玻璃生产过程中烟气的来源 ● 说出玻璃生产过程中烟气的主要成分 4. 烟气污染物的处理方法 ● 简述主要烟气污染物的处理方法 5. 烟气处理的主要装置和主要流程 ● 列举烟气处理的主要装置 ● 概述烟气处理的主要流程 ● 简述如何通过规范操作烟气处理装置处理烟气污染物 6. 烟气处理的国家标准 ● 简述烟气处理相关国家标准的主要内容 7. 烟气中二氧化硫污染物的测定方法和处理方式 ● 简述烟气中二氧化硫污染物的测定方法 ● 简述烟气中二氧化硫污染物的处理方式 ● 简述如何规范处理烟气中的二氧化硫污染物 8. 玻璃生产过程中污水的来源和主要成分 ● 说出玻璃生产过程中污水的来源 ● 说出玻璃生产过程中污水的主要成分 9. 玻璃生产污水的处理方法 ● 说出玻璃生产污水的处理方法	12

学 习 主 题	内 容 与 要 求	参考学时
6. 玻璃的节能环保	10. 玻璃生产污水处理的主要装置和主要流程 ● 列举玻璃生产污水处理的主要装置 ● 概述玻璃生产污水处理的主要流程 ● 简述如何通过规范操作污水处理装置处理玻璃生产污水 11. 减少玻璃生产过程中污水产生量的相关措施 ● 简述减少玻璃生产过程中污水产生量的相关措施 12. 建筑节能玻璃的种类和特点 ● 说出常用建筑节能玻璃的种类 ● 概述常用建筑节能玻璃的特点 13. 中空玻璃的特点和应用范围 ● 说出中空玻璃的特点 ● 简述中空玻璃在建筑领域的应用范围 14. 低辐射玻璃的特点和应用范围 ● 说出低辐射玻璃的特点 ● 简述低辐射玻璃在建筑领域的应用范围 15. 节能玻璃的生产工艺 ● 简述各种节能玻璃的生产工艺	
7. 保温材料的节能环保	1. 保温材料的定义和分类 ● 说出保温材料的定义 ● 说出保温材料的分类 2. 保温材料的保温原理和应用范围 ● 简述保温材料的保温原理 ● 说出保温材料在建筑领域的应用范围 3. 聚氨酯的组成 ● 说出聚氨酯的组成 4. 聚氨酯泡沫塑料的分类和性能 ● 简述聚氨酯泡沫塑料的分类 ● 说出聚氨酯泡沫塑料的性能 5. 硬质聚氨酯泡沫塑料的用途和组成 ● 举例说明硬质聚氨酯泡沫塑料的用途 ● 说出硬质聚氨酯泡沫塑料的组成 6. 生产聚氨酯泡沫塑料的主要原材料 ● 说出生产聚氨酯泡沫塑料的主要原材料 ● 说出如何根据要求选择环保材料 7. 聚氨酯泡沫塑料的生产工艺 ● 概述聚氨酯泡沫塑料的生产工艺	12

（续表）

学习主题	内　容　与　要　求	参考学时
7. 保温材料的节能环保	● 概述聚氨酯硬泡保温板的生产工艺 ● 简述聚氨酯泡沫塑料生产中的环保要求 8. 聚氨酯泡沫塑料的主要生产设备 ● 说出聚氨酯泡沫塑料的主要生产设备 9. 聚氨酯发泡工艺 ● 说出聚氨酯浇注工艺流程 ● 说出聚氨酯喷涂工艺流程 ● 简述聚氨酯发泡施工中的环保要求 10. 聚氨酯保温材料的品种和性能 ● 说出常见聚氨酯保温材料的品种 ● 简述聚氨酯保温材料的性能 11. 聚氨酯泡沫塑料的节能原理 ● 简述聚氨酯泡沫塑料的节能原理	
8. 防水涂料的节能环保	1. 涂料的定义和化学组成 ● 说出涂料的定义 ● 说出涂料的化学组成 2. 涂料的种类和性能 ● 说出涂料的种类 ● 简述涂料的性能 3. 防水涂料的定义和材料组成 ● 说出防水涂料的定义 ● 简述防水涂料的主体材料和辅助材料 4. 防水涂料的种类和特点 ● 说出防水涂料的种类 ● 简述防水涂料的特点 5. 聚合物水泥防水涂料的定义和分类 ● 说出聚合物水泥防水涂料的定义 ● 说出聚合物水泥防水涂料的分类 6. 聚合物水泥防水涂料的技术特点和性能要求 ● 简述聚合物水泥防水涂料的技术特点 ● 说出聚合物水泥防水涂料的性能要求 7. 聚合物水泥防水涂料的组成 ● 说出聚合物水泥防水涂料的组成 8. 聚合物水泥防水涂料的生产工艺 ● 简述聚合物水泥防水涂料的生产工艺 ● 概述聚合物水泥防水涂料生产中的环保要求	8

（续表）

学习主题	内　容　与　要　求	参考学时
8. 防水涂料的节能环保	9. 聚合物水泥防水涂料的施工流程和相关要求 ● 简述聚合物水泥防水涂料的施工流程 ● 说出聚合物水泥防水涂料施工中的质量要求 ● 说出聚合物水泥防水涂料施工中的环保要求	
总学时		72

五、 实施建议

（一）教材编写与选用建议

1. 应依据本课程标准编写教材或选用教材，从国家和市级教育行政部门发布的教材目录中选用教材，优先选用国家和市级规划教材。

2. 教材要充分体现育人功能，紧密结合教材内容、素材，有机融入课程思政要求，将课程思政内容与专业知识、技能有机统一。

3. 教材编写应转变以教师为中心的传统教材观，以学生的"学"为中心，遵循中职学生的学习特点与规律，以学生的思维方式设计教材结构和组织教材内容。

4. 教材编写应以职业能力为逻辑线索，按照职业能力培养由易到难、由简单到复杂、由单一到综合的规律，确定教材各部分的目标、内容，并进行相应的任务、活动设计等，从而构建结构清晰、层次分明的教材内容体系。

5. 教材在进行整体设计和内容选取时，要注重引入行业发展的新业态、新知识、新技术、新工艺、新方法，对接相应的职业标准和岗位要求，贴近工作实际，体现先进性和实用性，创设或引入职业情境，增强教材的职场感。

6. 教材应以学生为本，增强对学生的吸引力，贴近岗位技能与知识的要求，符合学生的认知，采用生动活泼的、学生乐于接受的语言、图表等呈现内容，让学生在使用教材时有亲切感、真实感。

7. 教材应注重实践内容的可操作性，强调在操作中理解与应用理论。

（二）教学实施建议

1. 切实推进课程思政在教学中的有效落实，寓价值观引导于知识传授和能力培养中，帮助学生塑造正确的世界观、人生观、价值观。深入梳理教学内容，结合课程特点，充分挖掘课程内容中的思政元素，把思政教学与专业知识、技能教学融为一体，达到润物无声的育人效果。

2. 充分体现职业教育"实践导向、任务引领、理实一体、做学合一"的课改理念,紧密联系新型建筑材料生产技术行业的实际应用,以岗位的典型学习主题为载体,加强理论教学与实践教学的结合,充分利用各种实训场所与设备,以学生为教学主体,以能力为本位,以职业活动为导向,以专业技能为核心,使学生在做中学、学中做,引导学生进行实践和探索,注重培养学生的实际操作能力、分析问题和解决问题的能力。

3. 牢固树立以学生为中心的教学理念,充分尊重学生。教师应成为学生学习的组织者、指导者和同伴,遵循学生的认知特点和学习规律,围绕学生的"学"设计教学活动。

4. 改变传统的灌输式教学,充分调动学生学习的积极性、能动性,采取灵活多样的教学方式,积极探索自主学习、合作学习、探究式学习、问题导向式学习、体验式学习、混合式学习等体现教学新理念的教学方式。

5. 依托多元的现代信息技术手段,将其有效运用于教学,改进教学方法与手段,提升教学效果。

6. 注重技能训练及重点环节的教学设计,每次活动都力求使学生上一个新台阶,技能训练既有连续性又有层次性。

7. 注重培养学生良好的操作习惯,把法治意识、规范意识、安全意识、质量意识、服务意识、职业道德和敬业精神融入教学活动中,促进学生综合职业素养的养成。

(三)教学评价建议

1. 以课程标准为依据,开展基于课程标准的教学评价。

2. 以评促教、以评促学,通过课堂教学及时评价,不断改进教学手段。

3. 教学评价始终坚持德技并重的原则,构建德技融合的专业课教学评价体系,把思政和职业素养的评价内容与要求细化为具体的评价指标,有机融入专业知识与技能的评价指标体系中,形成可观察可测量的评价量表,综合评价学生学习情况。通过有效评价,在日常教学中不断促进学生良好的思想品德和职业素养的形成。

4. 注重日常教学中对学生学习的评价,充分利用多种过程性评价工具,如评价表、记录袋等,积累过程性评价数据,形成过程性评价与终结性评价相结合的评价模式。

5. 在日常教学中开展对学生学习的评价时,充分利用信息化手段,借助各类较成熟的教育评价平台,探索线上与线下相结合的评价模式,提高评价的科学性、专业性和客观性。

(四)资源利用建议

1. 充分开发和利用常用课程资源。利用活页式教材、图片、录像、视听光盘、多媒体软件等,创设生动形象的工作情境,激发学生的学习兴趣,促进学生对专业知识的理解和掌握。建议加强常用课程资源的开发,建立多媒体课程资源数据库,努力实现中职学校之间的课程资源共享。

2. 积极开发和利用网络课程资源,充分利用电子书籍、电子期刊、数字图书馆、教育网站和电子论坛等网络资源,使教学从单一媒体向多媒体转变,使教学活动从信息的单向传递向双向传递转变,使学生从单独学习向合作学习转变。

3. 充分利用校企合作资源,与本行业的优质企业建立密切关系,积极建设实习实训基地,满足学生的实习实训需求,并在此过程中进行课程资源开发。

4. 充分利用学校的实训设施设备,使教学与实训合二为一,满足学生综合职业能力培养的要求。

新型建材物理性能检测课程标准

▎课程名称

新型建材物理性能检测

▎适用专业

中等职业学校新型建筑材料生产技术专业

一、 课程性质

本课程是中等职业学校新型建筑材料生产技术专业的一门专业核心课程,也是该专业的一门必修课程。其功能是使学生掌握水泥、建筑用砂、建筑用石、混凝土、砂浆、钢筋等新型建材物理性能检测的基础知识和基本技能,具备从事新型建材物理性能检测工作岗位所需的职业能力。本课程为学生后续学习其他专业课程奠定基础。

二、 设计思路

本课程遵循任务引领、做学合一的原则,根据新型建筑材料生产技术专业职业岗位的工作任务与职业能力分析结果,以新型建材物理性能检测工作领域的相关工作任务与职业能力为依据而设置。

课程内容紧紧围绕新型建材物理性能检测能力培养的需要,选取了水泥、建筑用砂、建筑用石、混凝土、砂浆、钢筋等新型建材物理性能检测内容,遵循适度够用的原则,确定相关理论知识、专业技能与要求,并融入水泥混凝土制品工职业技能等级证书(四级)的相关考核要求。

课程内容组织按照职业能力发展规律和学生认知规律,以新型建材物理性能检测的典型工作任务为逻辑主线,包括建材原材料识别、水泥物理性能检测、建筑用砂物理性能检测、建筑用石物理性能检测、混凝土物理性能检测、砂浆物理性能检测、钢筋物理性能检测 7 个学习任务。以任务为引领,通过任务整合相关知识、技能与职业素养,充分体现任务引领型课程的特点。

本课程建议学时数为 108 学时。

三、 课程目标

通过本课程的学习,学生能掌握水泥、建筑用砂、建筑用石、混凝土、砂浆、钢筋等新型建材物理性能检测的基础知识和基本技能,达到水泥混凝土制品工职业技能等级证书(四级)

的相关考核要求,具体达成以下职业素养和职业能力目标。

(一)职业素养目标

- 具有良好的职业道德,自觉遵守法律法规和企业规章制度。
- 具有严格遵守岗位责任和安全操作的意识。
- 具有爱岗敬业、严谨细致、专注执着、一丝不苟的职业态度。
- 具有诚实守信的职业品质和较强的责任心。
- 具有良好的团队合作意识和协作能力。

(二)职业能力目标

- 能按照规范检测水泥物理性能,并按照国家标准判定水泥物理性能。
- 能按照规范检测建筑用砂、石物理性能,并按照国家标准判定建筑用砂、石物理性能。
- 能按照规范检测混凝土物理性能,并按照国家标准判定混凝土物理性能。
- 能按照规范检测砂浆物理性能,并按照国家标准判定砂浆物理性能。
- 能按照规范检测钢筋物理性能,并按照国家标准判定钢筋物理性能。
- 能按照国家标准对检测结果进行数据处理。

四、 课程内容与要求

学习任务	技能与学习要求	知识与学习要求	参考学时
1. 建材原材料识别	1. 水泥识别 ● 能阅读水泥质量保证书,并判断水泥出厂量是否合格 ● 能目测水泥的表观质量,并初步判断水泥的种类及质量优劣	1. 水泥的种类和特征 ● 列举水泥的种类 ● 说出水泥的特征 2. 水泥表观质量的判定方法 ● 说出水泥表观质量的判定方法	4
	2. 建筑用砂、石识别 ● 能目测建筑用砂的表观质量,并初步判断建筑用砂的种类及质量优劣 ● 能目测建筑用石的表观质量,并初步判断建筑用石的种类及质量优劣	3. 建筑用砂、石的种类和特征 ● 列举建筑用砂、石的种类 ● 说出建筑用砂、石的特征 4. 建筑用砂、石表观质量的判定方法 ● 说出建筑用砂、石表观质量的判定方法	
	3. 混凝土拌合物识别 ● 能目测混凝土拌合物的表观质量,并初步判断混凝土拌合物的种类及质量优劣	5. 混凝土拌合物的种类和特征 ● 列举混凝土拌合物的种类 ● 说出混凝土拌合物的特征 6. 混凝土拌合物表观质量的判定方法 ● 说出混凝土拌合物表观质量的判定方法	

（续表）

学习任务	技能与学习要求	知识与学习要求	参考学时
1. 建材原材料识别	4. 新型建材物理性能检测的国家标准查阅 ● 能查阅新型建材物理性能检测的国家标准	7. 新型建材物理性能检测相关国家标准的定义、分类和主要内容 ● 说出相关国家标准的定义和分类 ● 举例说明相关国家标准的主要内容 8. 新型建材物理性能检测相关国家标准的查阅方法 ● 说出相关国家标准的查阅方法	
2. 水泥物理性能检测	1. 通用硅酸盐水泥物理性能检测的国家标准查阅 ● 能查阅通用硅酸盐水泥物理性能检测的国家标准	1. 通用硅酸盐水泥物理性能检测的国家标准 ● 复述通用硅酸盐水泥物理性能检测相关国家标准的知识要点	22
	2. 水泥试样采集 ● 能正确使用水泥采样器采集水泥试样 ● 能对不同包装、批量的水泥进行采样	2. 水泥试样采集器的种类和用途 ● 列举水泥试样采集器的种类 ● 说出水泥试样采集器的用途 3. 水泥试样采集器的工作原理和使用方法 ● 了解水泥试样采集器的工作原理 ● 说出水泥试样采集器的使用方法 4. 不同包装、批量的水泥规格 ● 列举不同包装、批量的水泥规格 5. 水泥试样的取样步骤 ● 说出水泥试样的取样步骤 ● 说出不同包装、批量水泥的采样方法	
	3. 水泥试样处理 ● 能对水泥试样进行混合处理，并获取合理的水泥试样量 ● 能对水泥试样进行分割处理，并获取合理的水泥试样量 ● 能对水泥试样进行封存处理	6. 水泥试样的处理方法 ● 说出水泥试样的混合处理方法 ● 列举水泥试样的分割处理方法 ● 说出水泥试样的封存处理方法和封存量	
	4. 水泥细度测定 ● 能正确使用水泥细度负压筛析仪测定水泥细度 ● 能按照国家标准判定水泥细度	7. 水泥细度负压筛析仪的种类和用途 ● 列举水泥细度负压筛析仪的种类 ● 说出水泥细度负压筛析仪的用途 8. 水泥细度负压筛析仪的工作原理和使用方法 ● 了解水泥细度负压筛析仪的工作原理 ● 说出水泥细度负压筛析仪的使用方法	

学习任务	技能与学习要求	知识与学习要求	参考学时
2. 水泥物理性能检测		9. 水泥细度的测定方法和测定步骤 ● 简述水泥细度的测定方法 ● 简述水泥细度的测定步骤 10. 水泥细度的国家标准和判定方法 ● 说出水泥细度的国家标准 ● 说出水泥细度的判定方法	
	5. 水泥标准稠度用水量测定 ● 能规范操作水泥净浆搅拌机，并使用维卡仪测定水泥标准稠度用水量 ● 能按照国家标准判定水泥标准稠度用水量	11. 水泥净浆搅拌机的种类和用途 ● 列举水泥净浆搅拌机的种类 ● 说出水泥净浆搅拌机的用途 12. 水泥净浆搅拌机的工作原理和使用方法 ● 了解水泥净浆搅拌机的工作原理 ● 说出水泥净浆搅拌机的使用方法 13. 水泥标准稠度用水量的测定方法和测定步骤 ● 简述水泥标准稠度用水量的测定方法 ● 简述水泥标准稠度用水量的测定步骤 14. 维卡仪的种类和使用方法 ● 列举维卡仪的种类 ● 说出维卡仪的使用方法 15. 水泥标准稠度用水量的国家标准和判定方法 ● 说出水泥标准稠度用水量的国家标准 ● 说出水泥标准稠度用水量的判定方法	
	6. 水泥安定性测定 ● 能制作安定性试饼和雷氏夹试件 ● 能正确使用水泥安定性沸煮箱测定水泥安定性 ● 能按照国家标准判定水泥安定性	16. 水泥安定性的测定方法和测定步骤 ● 简述水泥安定性的测定方法 ● 简述水泥安定性的测定步骤 17. 安定性试饼的制作方法 ● 简述安定性试饼的制作方法 18. 雷氏夹试件的制作方法 ● 简述雷氏夹试件的制作方法 19. 水泥安定性沸煮箱的使用方法 ● 说出水泥安定性沸煮箱的使用方法 20. 水泥安定性的国家标准和判定方法	

（续表）

学习任务	技能与学习要求	知识与学习要求	参考学时
2. 水泥物理性能检测		● 说出水泥安定性的国家标准 ● 记住通过试饼法测定水泥安定性的判定方法 ● 记住通过雷氏夹法测定水泥安定性的判定方法	
	7. 水泥凝结时间测定 ● 能制作水泥凝结时间试件，并测定水泥初凝、终凝时间 ● 能按照国家标准判定水泥初凝、终凝时间	21. 水泥凝结时间的测定方法和测定步骤 ● 简述水泥凝结时间的测定方法 ● 简述水泥凝结时间的测定步骤 22. 水泥凝结时间试件的制作方法 ● 简述水泥凝结时间试件的制作方法 23. 水泥凝结时间的国家标准和判定方法 ● 说出水泥凝结时间的国家标准 ● 简述水泥初凝时间的判定方法 ● 简述水泥终凝时间的判定方法	
	8. 水泥密度测定 ● 能正确使用称量设备称量水泥试样，并使用李氏瓶测定水泥密度 ● 能按照国家标准判定水泥密度	24. 常用水泥称量设备的种类和用途 ● 列举常用水泥称量设备的种类 ● 说出常用水泥称量设备的用途 25. 常用水泥称量设备的使用方法 ● 说出常用水泥称量设备的使用方法 26. 水泥密度的测定方法和测定步骤 ● 简述水泥密度的测定方法 ● 复述水泥密度的测定步骤 27. 李氏瓶的使用方法和液面读数方法 ● 说出李氏瓶的使用方法 ● 记住李氏瓶的液面读数方法 28. 水泥密度的国家标准和判定方法 ● 说出水泥密度的国家标准 ● 说出水泥密度的判定方法	
	9. 水泥比表面积测定 ● 能正确使用透气式水泥比表面积测定仪测定水泥比表面积 ● 能按照国家标准判定水泥比表面积	29. 透气式水泥比表面积测定仪的种类和用途 ● 列举透气式水泥比表面积测定仪的种类 ● 说出透气式水泥比表面积测定仪的用途 30. 透气式水泥比表面积测定仪的工作原理和使用方法	

（续表）

学习任务	技能与学习要求	知识与学习要求	参考学时
2. 水泥物理性能检测		● 了解透气式水泥比表面积测定仪的工作原理 ● 说出透气式水泥比表面积测定仪的使用方法 31. 水泥比表面积的测定方法和测定步骤 ● 简述水泥比表面积的测定方法 ● 复述水泥比表面积的测定步骤 32. 水泥比表面积的国家标准和判定方法 ● 说出水泥比表面积的国家标准 ● 说出水泥比表面积的判定方法	
	10. 水泥胶砂流动度测定 ● 能规范操作水泥胶砂搅拌机，并使用跳桌测定水泥胶砂流动度 ● 能按照国家标准判定水泥胶砂流动度	33. 水泥胶砂搅拌机的种类和用途 ● 列举水泥胶砂搅拌机的种类 ● 说出水泥胶砂搅拌机的用途 34. 水泥胶砂搅拌机的工作原理和使用方法 ● 了解水泥胶砂搅拌机的工作原理 ● 说出水泥胶砂搅拌机的使用方法 35. 水泥胶砂流动度的测定方法和测定步骤 ● 简述水泥胶砂流动度的测定方法 ● 复述水泥胶砂流动度的测定步骤 36. 跳桌的使用方法 ● 说出跳桌的使用方法 37. 水泥胶砂流动度的国家标准和判定方法 ● 说出水泥胶砂流动度的国家标准 ● 说出水泥胶砂的配比 ● 说出水泥胶砂流动度的判定方法	
	11. 水泥强度测定 ● 能制作水泥强度试件 ● 能正确使用水泥强度试验机测定水泥抗折、抗压的数值 ● 能将测得的水泥抗折、抗压的数值换算成水泥抗折强度、抗压强度 ● 能按照国家标准判定水泥强度	38. 水泥强度试验机的种类和用途 ● 列举水泥强度试验机的种类 ● 说出水泥强度试验机的用途 39. 水泥强度试验机的工作原理和使用方法 ● 了解水泥强度试验机的工作原理 ● 说出水泥强度试验机的使用方法 40. 水泥强度试件的制作方法 ● 说出水泥强度试件的制作方法	

（续表）

学习任务	技能与学习要求	知识与学习要求	参考学时
2.水泥物理性能检测		41.水泥强度的测定方法和测定步骤 ● 简述水泥强度的测定方法 ● 复述水泥强度的测定步骤 42.水泥强度的换算方法 ● 简述水泥抗折强度的换算方法 ● 简述水泥抗压强度的换算方法 43.水泥强度的国家标准和判定方法 ● 说出水泥抗折强度的国家标准 ● 说出水泥抗压强度的国家标准 ● 说出水泥强度的判定方法	
	12.水泥净浆流动度测定 ● 能按照规范测定水泥净浆流动度 ● 能按照国家标准判定水泥净浆流动度	44.水泥净浆流动度的测定方法和测定步骤 ● 说出水泥净浆流动度的测定方法 ● 简述水泥净浆流动度的测定步骤 45.水泥净浆流动度的国家标准和判定方法 ● 说出水泥净浆流动度的国家标准 ● 说出水泥净浆流动度的判定方法	
	13.水泥胶砂减水率测定 ● 能按照规范测定水泥胶砂减水率 ● 能按照国家标准判定水泥胶砂减水率	46.水泥胶砂减水率的测定方法和测定步骤 ● 说出水泥胶砂减水率的测定方法 ● 简述水泥胶砂减水率的测定步骤 47.水泥胶砂减水率的国家标准和判定方法 ● 说出水泥胶砂减水率的国家标准 ● 说出水泥胶砂减水率的判定方法	
	14.水泥物理性能检测报告编写 ● 能根据行业、企业规范要求对水泥的测定数据进行整理和汇总 ● 能根据整理和汇总的数据编写一份水泥物理性能检测报告	48.行业、企业关于水泥物理性能检测报告的编写规范及要求 ● 了解行业、企业关于水泥物理性能检测报告的编写规范及要求	

(续表)

学习任务	技能与学习要求	知识与学习要求	参考学时
3. 建筑用砂物理性能检测	1. 建筑用砂物理性能检测的国家标准查阅 ● 能查阅建筑用砂物理性能检测的国家标准	1. 建筑用砂物理性能检测的国家标准 ● 复述建筑用砂物理性能检测国家标准的知识要点	18
	2. 建筑用砂试样采集与处理 ● 能按照规范采集建筑用砂试样 ● 能按照规范对建筑用砂试样进行缩分、干燥处理	2. 建筑用砂试样的采集方法和处理方法 ● 列举建筑用砂试样的采集方法 ● 说出建筑用砂试样的缩分处理方法 ● 说出建筑用砂试样的干燥处理方法	
	3. 建筑用砂含水率测定 ● 能按照规范测定建筑用砂含水率 ● 能按照国家标准判定建筑用砂含水率	3. 建筑用砂含水率的测定方法和测定步骤 ● 说出建筑用砂含水率的测定方法 ● 简述建筑用砂含水率的测定步骤 4. 建筑用砂含水率的国家标准和判定方法 ● 说出建筑用砂含水率的国家标准 ● 说出建筑用砂含水率的判定方法	
	4. 建筑用砂细度模数和颗粒级配测定 ● 能正确使用摇筛机测定建筑用砂颗粒级配 ● 能正确计算建筑用砂细度模数 ● 能按照国家标准判定建筑用砂粗细程度	5. 摇筛机的使用方法 ● 说出摇筛机的使用方法 6. 建筑用砂筛分析用套筛的结构 ● 说出建筑用砂筛分析用套筛的结构 7. 建筑用砂筛分析的方法和步骤 ● 解释建筑用砂筛分析的方法 ● 说明建筑用砂筛分析的步骤 8. 建筑用砂细度模数的计算方法 ● 说明建筑用砂细度模数的计算方法 9. 建筑用砂细度模数和颗粒级配的国家标准 ● 说出建筑用砂细度模数和颗粒级配的国家标准 10. 建筑用砂粗细程度的判定方法 ● 说出建筑用砂粗细程度的判定方法	
	5. 建筑用砂含泥量测定 ● 能按照规范测定建筑用砂含泥量 ● 能按照国家标准判定建筑用砂含泥量	11. 建筑用砂含泥量的测定方法和测定步骤 ● 说出建筑用砂含泥量的测定方法 ● 简述建筑用砂含泥量的测定步骤 12. 建筑用砂含泥量的国家标准和判定方法	

（续表）

学习任务	技能与学习要求	知识与学习要求	参考学时
		● 说出建筑用砂含泥量的国家标准 ● 说出建筑用砂含泥量的判定方法	
	6. 建筑用砂泥块含量测定 ● 能按照规范测定建筑用砂泥块含量 ● 能按照国家标准判定建筑用砂泥块含量	13. 建筑用砂泥块含量的测定方法和测定步骤 ● 列举建筑用砂泥块含量的测定方法 ● 简述建筑用砂泥块含量的测定步骤 14. 建筑用砂泥块含量的国家标准和判定方法 ● 说出建筑用砂泥块含量的国家标准 ● 说出建筑用砂泥块含量的判定方法	
3. 建筑用砂物理性能检测	7. 建筑用砂表观密度和堆积密度测定 ● 能按照规范测定建筑用砂表观密度和堆积密度 ● 能正确计算建筑用砂表观密度和堆积密度 ● 能按照国家标准判定建筑用砂表观密度和堆积密度	15. 建筑用砂表观密度和堆积密度的测定方法和测定步骤 ● 简述建筑用砂表观密度和堆积密度的测定方法 ● 简述建筑用砂表观密度和堆积密度的测定步骤 16. 建筑用砂表观密度和堆积密度的计算方法 ● 简述建筑用砂表观密度的计算方法 ● 简述建筑用砂堆积密度的计算方法 17. 建筑用砂表观密度和堆积密度的国家标准和判定方法 ● 说出建筑用砂表观密度和堆积密度的国家标准 ● 说出建筑用砂表观密度和堆积密度的判定方法	
	8. 建筑用砂物理性能检测报告编写 ● 能根据行业、企业规范要求对建筑用砂的测定数据进行整理和汇总 ● 能根据整理和汇总的数据编写一份建筑用砂物理性能检测报告	18. 行业、企业关于建筑用砂物理性能检测报告的编写规范及要求 ● 了解行业、企业关于建筑用砂物理性能检测报告的编写规范及要求	

（续表）

学习任务	技能与学习要求	知识与学习要求	参考学时
4. 建筑用石物理性能检测	1. 建筑用石颗粒级配测定 ● 能按照规范测定建筑用石颗粒级配 ● 能按照国家标准判定建筑用石颗粒级配	1. 建筑用石颗粒级配的测定方法和测定步骤 ● 说出建筑用石颗粒级配的测定方法 ● 简述建筑用石颗粒级配的测定步骤 2. 建筑用石颗粒级配的国家标准和判定标准 ● 说出建筑用石颗粒级配的国家标准 ● 说出建筑用石颗粒级配的判定方法	18
	2. 建筑用石含泥量测定 ● 能按照规范测定建筑用石含泥量 ● 能按照国家标准判定建筑用石含泥量	3. 建筑用石含泥量的测定方法和测定步骤 ● 说出建筑用石含泥量的测定方法 ● 简述建筑用石含泥量的测定步骤 4. 建筑用石含泥量的国家标准和判定方法 ● 说出建筑用石含泥量的国家标准 ● 说出建筑用石含泥量的判定方法	
	3. 建筑用石泥块含量测定 ● 能按照规范测定建筑用石泥块含量 ● 能按照国家标准判定建筑用石泥块含量	5. 建筑用石泥块含量的测定方法和测定步骤 ● 说出建筑用石泥块含量的测定方法 ● 简述建筑用石泥块含量的测定步骤 6. 建筑用石泥块含量的国家标准和判定方法 ● 说出建筑用石泥块含量的国家标准 ● 说出建筑用石泥块含量的判定方法	
	4. 建筑用石针片状颗粒含量测定 ● 能按照规范测定建筑用石针片状颗粒含量 ● 能按照国家标准判定建筑用石针片状颗粒含量	7. 建筑用石针片状颗粒含量的测定方法和测定步骤 ● 说出建筑用石针片状颗粒含量的测定方法 ● 简述建筑用石针片状颗粒含量的测定步骤 8. 建筑用石针片状颗粒含量的国家标准和判定方法 ● 说出建筑用石针片状颗粒含量的国家标准 ● 说出建筑用石针片状颗粒含量的判定方法	

（续表）

学习任务	技能与学习要求	知识与学习要求	参考学时
4. 建筑用石物理性能检测	5. 建筑用石压碎指标测定 ● 能正确使用压力试验机测定建筑用石压碎指标 ● 能按照国家标准判定建筑用石压碎指标	9. 压力试验机的操作方法 ● 简述压力试验机的操作方法 10. 建筑用石压碎指标的测定方法和测定步骤 ● 说出建筑用石压碎指标的测定方法 ● 简述建筑用石压碎指标的测定步骤 11. 建筑用石压碎指标的国家标准和判定方法 ● 说出建筑用石压碎指标的国家标准 ● 说出建筑用石压碎指标的判定方法	
	6. 建筑用石表观密度和堆积密度测定 ● 能按照规范测定建筑用石表观密度和堆积密度 ● 能正确计算建筑用石表观密度和堆积密度 ● 能按照国家标准判定建筑用石表观密度和堆积密度	12. 建筑用石表观密度和堆积密度的测定方法和测定步骤 ● 说出建筑用石表观密度和堆积密度的测定方法 ● 简述建筑用石表观密度和堆积密度的测定步骤 13. 建筑用石表观密度和堆积密度的计算方法 ● 说出建筑用石表观密度的计算方法 ● 说出建筑用石堆积密度的计算方法 14. 建筑用石表观密度和堆积密度的国家标准和判定方法 ● 说出建筑用石表观密度和堆积密度的国家标准 ● 说出建筑用石表观密度和堆积密度的判定方法	
	7. 建筑用石物理性能检测报告编写 ● 能根据行业、企业规范要求对建筑用石的测定数据进行整理和汇总 ● 能根据整理和汇总的数据编写一份建筑用石物理性能检测报告	15. 行业、企业关于建筑用石物理性能检测报告的编写规范及要求 ● 了解行业、企业关于建筑用石物理性能检测报告的编写规范及要求	

（续表）

学习任务	技能与学习要求	知识与学习要求	参考学时
5. 混凝土物理性能检测	1. 混凝土物理性能检测的国家标准查阅 ● 能查阅混凝土物理性能检测的国家标准	1. 混凝土物理性能检测的国家标准 ● 复述混凝土物理性能检测国家标准的知识要点	18
	2. 混凝土拌合物制备 ● 能规范操作混凝土搅拌机 ● 能规范制备混凝土拌合物	2. 混凝土搅拌机的操作规范 ● 简述混凝土搅拌机的操作规范 3. 混凝土的质量要求和质量检验规则 ● 说出混凝土用水泥、骨料、水、外加剂、掺合料等的质量要求 ● 列举混凝土的质量检验规则 4. 混凝土拌合物的制备步骤 ● 复述混凝土拌合物的制备步骤	
	3. 混凝土拌合物现场抽样 ● 能对混凝土拌合物进行现场抽样	5. 混凝土拌合物的抽样方法 ● 说出混凝土拌合物的抽样方法	
	4. 混凝土和易性测定 ● 能按照规范测定混凝土和易性 ● 能按照国家标准判定混凝土和易性	6. 混凝土和易性的测定方法和测定步骤 ● 说出混凝土和易性的测定方法 ● 简述混凝土和易性的测定步骤 7. 混凝土和易性的国家标准和判定方法 ● 说出混凝土和易性的国家标准 ● 说出混凝土和易性的判定方法	
	5. 混凝土拌合物表观密度测定 ● 能按照规范测定混凝土拌合物表观密度 ● 能按照国家标准判定混凝土拌合物表观密度	8. 混凝土拌合物表观密度的测定方法和测定步骤 ● 说出混凝土拌合物表观密度的测定方法 ● 简述混凝土拌合物表观密度的测定步骤 9. 混凝土拌合物表观密度与配方要求之间的关系 ● 说出混凝土拌合物表观密度与配方要求之间的关系 10. 混凝土拌合物表观密度的国家标准和判定方法 ● 说出混凝土拌合物表观密度的国家标准 ● 说出混凝土拌合物表观密度的判定方法	

（续表）

学习任务	技能与学习要求	知识与学习要求	参考学时
5. 混凝土物理性能检测	6. 混凝土抗渗性测定 ● 能规范操作混凝土抗渗仪 ● 能制作混凝土抗渗试件 ● 能按照规范测定混凝土抗渗性 ● 能按照国家标准判定混凝土抗渗等级	11. 混凝土抗渗仪的操作规范 ● 简述混凝土抗渗仪的操作规范 12. 混凝土抗渗性的测定方法和测定步骤 ● 说出混凝土抗渗性的测定方法 ● 简述混凝土抗渗性的测定步骤 13. 混凝土抗渗试件的制作方法及其未出现渗水时最大压力的计算方法 ● 简述混凝土抗渗试件的制作方法 ● 列举混凝土抗渗试件未出现渗水时最大压力的计算方法 14. 混凝土抗渗性的国家标准和判定方法 ● 说出混凝土抗渗性的国家标准 ● 说出混凝土抗渗等级的判定方法	
	7. 混凝土立方体抗压强度测定 ● 能制作和养护混凝土立方体试件 ● 能正确使用混凝土压力试验机测定混凝土立方体抗压强度 ● 能按照国家标准判定混凝土立方体抗压强度	15. 混凝土立方体试件的制作和养护方法 ● 简述混凝土立方体试件的制作方法 ● 简述混凝土立方体试件的养护方法 16. 混凝土压力试验机的操作方法 ● 简述混凝土压力试验机的操作方法 17. 混凝土立方体抗压强度的测定方法和测定步骤 ● 说出混凝土立方体抗压强度的测定方法 ● 简述混凝土立方体抗压强度的测定步骤 18. 混凝土立方体抗压强度的国家标准和判定方法 ● 说出混凝土立方体抗压强度的国家标准 ● 说出混凝土立方体抗压强度的判定方法	
	8. 混凝土外加剂含固量测定 ● 能按照规范测定混凝土外加剂含固量 ● 能按照国家标准判定混凝土外加剂含固量	19. 混凝土外加剂含固量的测定方法和测定步骤 ● 说出混凝土外加剂含固量的测定方法 ● 简述混凝土外加剂含固量的测定步骤 20. 混凝土外加剂含固量的国家标准和判定方法 ● 说出混凝土外加剂含固量的国家标准 ● 说出混凝土外加剂含固量的判定方法	

（续表）

学习任务	技能与学习要求	知识与学习要求	参考学时
5. 混凝土物理性能检测	9. 混凝土物理性能检测报告编写 ● 能根据行业、企业规范要求对混凝土的测定数据进行整理和汇总 ● 能根据整理和汇总的数据编写一份混凝土物理性能检测报告	21. 行业、企业关于混凝土物理性能检测报告的偏写规范及要求 ● 了解行业、企业关于混凝土物理性能检测报告的编写规范及要求	
6. 砂浆物理性能检测	1. 砂浆试样现场取样 ● 能按照国家标准对砂浆试样进行现场取样	1. 预拌砂浆的国家标准 ● 复述预拌砂浆国家标准的知识要点 2. 砂浆试样的取样方法和取样数量 ● 说出砂浆试样的取样方法 ● 说出砂浆试样的取样数量	18
	2. 砂浆试样制备 ● 能规范操作砂浆搅拌机 ● 能规范制备砂浆试样	3. 砂浆搅拌机的操作方法 ● 简述砂浆搅拌机的操作方法 4. 砂浆试样的制备方法 ● 说出砂浆试样的制作过程 ● 说出砂浆试样的搅拌时间	
	3. 砂浆稠度测定 ● 能正确使用砂浆稠度仪测定砂浆稠度 ● 能按照国家标准判定砂浆稠度	5. 砂浆稠度仪的操作方法 ● 简述砂浆稠度仪的操作方法 6. 砂浆稠度的测定方法和测定步骤 ● 说出砂浆稠度的测定方法 ● 简述砂浆稠度的测定步骤 7. 砂浆稠度的国家标准和判定方法 ● 说出砂浆稠度的国家标准 ● 说出砂浆稠度的判定方法	
	4. 砂浆分层度测定 ● 能正确使用砂浆分层度筒测定砂浆分层度 ● 能按照国家标准判定砂浆分层度	8. 砂浆分层度筒的操作方法 ● 简述砂浆分层度筒的操作方法 9. 砂浆分层度的测定方法和测定步骤 ● 说出砂浆分层度的测定方法 ● 简述砂浆分层度的测定步骤 10. 砂浆分层度的国家标准和判定方法 ● 说出砂浆分层度的国家标准 ● 说出砂浆分层度的判定方法	

（续表）

学习任务	技能与学习要求	知识与学习要求	参考学时
6. 砂浆物理性能检测	5. 砂浆立方体抗压强度测定 ● 能制作砂浆立方体抗压强度试件，并测定砂浆立方体抗压强度 ● 能按照国家标准判定砂浆立方体抗压强度	11. 砂浆立方体抗压强度试件的制作方法 ● 简述砂浆立方体抗压强度试件的制作方法 12. 砂浆立方体抗压强度的测定方法和测定步骤 ● 说出砂浆立方体抗压强度的测定方法 ● 简述砂浆立方体抗压强度的测定步骤 13. 砂浆立方体抗压强度的国家标准和判定方法 ● 说出砂浆立方体抗压强度的国家标准 ● 说出砂浆立方体抗压强度的判定方法	
	6. 砂浆拉伸粘结度测定 ● 能制作砂浆拉伸粘结度试件，并测定砂浆拉伸粘结度 ● 能按照国家标准判定砂浆拉伸粘结度	14. 砂浆拉伸粘结度试件的制作方法 ● 列举砂浆拉伸粘结度试件的规格大小 ● 简述砂浆拉伸粘结度试件的制作方法 15. 砂浆拉伸粘结度的测定方法和测定步骤 ● 说出砂浆拉伸粘结度的测定方法 ● 简述砂浆拉伸粘结度的测定步骤 16. 砂浆拉伸粘结度的国家标准和判定方法 ● 说出砂浆拉伸粘结度的国家标准 ● 说出砂浆拉伸粘结度的判定方法	
	7. 砂浆抗渗性测定 ● 能制作砂浆渗透试件，并正确使用砂浆渗透仪测定砂浆抗渗性 ● 能正确计算砂浆抗渗性 ● 能按照国家标准判定砂浆抗渗等级	17. 砂浆渗透仪的操作方法 ● 简述砂浆渗透仪的操作方法 18. 砂浆渗透试件的制作方法 ● 简述砂浆渗透试件的制作方法 19. 砂浆抗渗性的测定方法和测定步骤 ● 说出砂浆抗渗性的测定方法 ● 简述砂浆抗渗性的测定步骤 20. 砂浆渗透试件未出现渗水时最大压力的计算方法 ● 列举每组 6 个试件中 4 个试件未出现渗水时最大压力的计算方法 21. 砂浆抗渗性的国家标准和判定方法 ● 说出砂浆抗渗性的国家标准 ● 说出砂浆抗渗等级的判定方法	

学习任务	技能与学习要求	知识与学习要求	参考学时
7. 钢筋物理性能检测	1. 钢筋试样采样 ● 能从同一进场批次的热轧光圆钢筋和热轧带肋钢筋中正确取样 ● 能对钢筋试样进行加工处理	1. 钢筋试样的采样方法 ● 列举从同一进场批次的热轧光圆钢筋中正确取样的方法 ● 说出从同一进场批次的热轧带肋钢筋中正确取样的方法 2. 钢筋试样的处理方法 ● 说出热轧光圆钢筋的处理方法 ● 说出热轧带肋钢筋的处理方法	10
	2. 钢筋拉伸强度测定 ● 能正确使用万能试验机测定钢筋拉伸强度 ● 能计算钢筋伸长率 ● 能按照国家标准判定钢筋拉伸强度	3. 万能试验机的操作方法 ● 说出万能试验机的操作方法 4. 钢筋拉伸强度的测定方法和测定步骤 ● 说出钢筋拉伸强度的测定方法 ● 简述钢筋拉伸强度的测定步骤 5. 钢筋伸长率的计算方法 ● 说出钢筋伸长率的计算方法 6. 钢筋拉伸强度的国家标准和判定方法 ● 说出钢筋拉伸强度的国家标准 ● 说出钢筋拉伸强度的判定方法	
	3. 钢筋冷弯强度测定 ● 能按照规范测定钢筋冷弯强度 ● 能按照国家标准判定钢筋冷弯强度	7. 钢筋冷弯强度的测定方法和测定步骤 ● 说出钢筋冷弯强度的测定方法 ● 简述钢筋冷弯强度的测定步骤 8. 钢筋冷弯强度的国家标准和判定方法 ● 说出钢筋冷弯强度的国家标准 ● 说出钢筋冷弯强度的判定方法	
总学时			108

五、 实施建议

（一）教材编写与选用建议

1. 应依据本课程标准编写教材或选用教材,从国家和市级教育行政部门发布的教材目录中选用教材,优先选用国家和市级规划教材。

2. 教材要充分体现育人功能,紧密结合教材内容、素材,有机融入课程思政要求,将课程思政内容与专业知识、技能有机统一。

3. 教材编写应转变以教师为中心的传统教材观,以学生的"学"为中心,遵循中职学生的学习特点与规律,以学生的思维方式设计教材结构和组织教材内容。

4. 教材编写应以职业能力为逻辑线索,按照职业能力培养由易到难、由简单到复杂、由单一到综合的规律,确定教材各部分的目标、内容,并进行相应的任务、活动设计等,从而构建结构清晰、层次分明的教材内容体系。

5. 教材在进行整体设计和内容选取时,要注重引入行业发展的新业态、新知识、新技术、新工艺、新方法,对接相应的职业标准和岗位要求,贴近工作实际,体现先进性和实用性,创设或引入职业情境,增强教材的职场感。

6. 教材应以学生为本,增强对学生的吸引力,贴近岗位技能与知识的要求,符合学生的认知,采用生动活泼的、学生乐于接受的语言、图表等呈现内容,让学生在使用教材时有亲切感、真实感。

7. 教材应注重实践内容的可操作性,强调在操作中理解与应用理论。

(二) 教学实施建议

1. 切实推进课程思政在教学中的有效实施,寓价值观引导于知识传授和能力培养中,帮助学生塑造正确的世界观、人生观、价值观。深入梳理教学内容,结合课程特点,充分挖掘课程内容中的思政元素,把思政教学与专业知识、技能教学融为一体,达到润物无声的育人效果。

2. 充分体现职业教育"实践导向、任务引领、理实一体、做学合一"的课改理念,紧密联系新型建筑材料生产技术行业的实际应用,以岗位的典型工作任务为载体,加强理论教学与实践教学的结合,充分利用各种实训场所与设备,以学生为教学主体,以能力为本位,以职业活动为导向,以专业技能为核心,使学生在做中学、学中做,引导学生进行实践和探索,注重培养学生的实际操作能力、分析问题和解决问题的能力。

3. 牢固树立以学生为中心的教学理念,充分尊重学生。教师应成为学生学习的组织者、指导者和同伴,遵循学生的认知特点和学习规律,围绕学生的"学"设计教学活动。

4. 改变传统的灌输式教学,充分调动学生学习的积极性、能动性,采取灵活多样的教学方式,积极探索自主学习、合作学习、探究式学习、问题导向式学习、体验式学习、混合式学习等体现教学新理念的教学方式。

5. 依托多元的现代信息技术手段,将其有效运用于教学,改进教学方法与手段,提升教学效果。

6. 注重技能训练及重点环节的教学设计,每次活动都力求使学生上一个新台阶,技能训练既有连续性又有层次性。

7. 注重培养学生良好的操作习惯,把法治意识、规范意识、安全意识、质量意识、服务意识、职业道德和敬业精神融入教学活动中,促进学生综合职业素养的养成。

（三）教学评价建议

1. 以课程标准为依据,开展基于课程标准的教学评价。

2. 以评促教、以评促学,通过课堂教学及时评价,不断改进教学手段。

3. 教学评价始终坚持德技并重的原则,构建德技融合的专业课教学评价体系,把思政和职业素养的评价内容与要求细化为具体的评价指标,有机融入专业知识与技能的评价指标体系中,形成可观察可测量的评价量表,综合评价学生学习情况。通过有效评价,在日常教学中不断促进学生良好的思想品德和职业素养的形成。

4. 注重日常教学中对学生学习的评价,充分利用多种过程性评价工具,如评价表、记录袋等,积累过程性评价数据,形成过程性评价与终结性评价相结合的评价模式。

5. 在日常教学中开展对学生学习的评价时,充分利用信息化手段,借助各类较成熟的教育评价平台,探索线上与线下相结合的评价模式,提高评价的科学性、专业性和客观性。

（四）资源利用建议

1. 注重实训指导手册、课堂配套练习册、实训教材的开发和应用。

2. 充分开发和利用常用课程资源。利用活页式教材、图片、录像、视听光盘、多媒体软件等,创设生动形象的工作情境,激发学生的学习兴趣,促进学生对专业知识的理解和掌握。建议加强常用课程资源的开发,建立多媒体课程资源数据库,努力实现中职学校之间的课程资源共享。

3. 充分利用新型建筑材料生产技术专业精品课程资源,如教学录像、课件、教学案例、教学评价等,使课程内容更丰富。

4. 积极开发和利用网络课程资源,充分利用电子书籍、电子期刊、数字图书馆、教育网站和电子论坛等网络资源,使教学从单一媒体向多媒体转变,使教学活动从信息的单向传递向多向传递转变,使学生从单独学习向合作学习转变。

5. 充分利用校企合作资源,与本行业的优质企业建立密切关系,积极建设实习实训基地,满足学生的实习实训需求,并在此过程中进行课程资源开发。

6. 充分利用建筑与工程材料开放实训中心的资源优势,加强实践教学管理,实现理实一体化教学。

7. 充分利用技能鉴定站的相关资源,使教学与实训合二为一,满足学生综合职业能力培养的要求。

安全生产技术课程标准

┃课程名称

安全生产技术

┃适用专业

中等职业学校新型建筑材料生产技术专业

一、 课程性质

本课程是中等职业学校新型建筑材料生产技术专业的一门专业核心课程,也是该专业的一门必修课程。其功能是使学生掌握燃烧爆炸、电气、危险化学品等安全生产与防护的基础知识和基本技能,具备从事材料安全生产与检测工作岗位所需的职业能力。本课程为学生后续学习其他专业课程提供安全知识和技能支持。

二、 设计思路

本课程遵循理实一体、做学合一的原则,根据新型建筑材料生产技术专业职业岗位的工作任务与职业能力分析结果,以材料安全生产与检测工作领域的相关工作任务与职业能力为依据而设置。

课程内容紧紧围绕材料安全生产与检测能力培养的需要,选取了燃烧爆炸安全防护、电气安全防护、危险化学品安全防护等内容,遵循适度够用的原则,确定相关理论知识、专业技能与要求,并融入水泥混凝土制品工职业技能等级证书(四级)、化学检验员职业技能等级证书(四级)的相关考核要求。

课程内容组织按照职业能力发展规律和学生认知规律,以材料安全生产与检测的典型工作任务为逻辑主线,包括燃烧爆炸安全防护、电气安全防护、危险化学品安全防护、特种设备安全防护、职业危害防护与控制、检修安全防护6个学习任务。以任务为引领,通过任务整合相关知识、技能与职业素养,充分体现任务引领型课程的特点。

本课程建议学时数为54学时。

三、 课程目标

通过本课程的学习,学生能掌握材料安全生产与检测的基础知识,以及安全防护、安全操作的基本技能,达到水泥混凝土制品工职业技能等级证书(四级)、化学检验员职业技能等级证书(四级)的相关考核要求,具体达成以下职业素养和职业能力目标。

(一)职业素养目标

- 具有高度的安全生产意识和强烈的安全责任意识。
- 具有对生命健康安全的敬畏精神。
- 具有良好的职业道德,自觉遵守法律法规和企业规章制度。
- 具有爱岗敬业、严谨细致、专注执着、一丝不苟的职业态度。
- 树立科学发展、安全发展、绿色发展的理念。
- 坚持安全第一、预防为主、综合治理的方针。
- 具有严格遵守安全操作规程的职业意识。
- 具备发现安全隐患、分析和解决问题的能力。

(二)职业能力目标

- 能正确判断燃烧爆炸的具体情况,并选用合适的防火防爆技术和火灾应急处理方法。
- 能正确判断触电的类型和方式,并采取有效的电气安全防护措施。
- 能正确判断危险化学品的类型,并根据相关信息制作化学品安全标签。
- 能分析特种设备事故发生的原因,并初步排查特种设备的安全隐患。
- 能辨识各种作业场所中的职业病危害因素,并正确选择防护措施和穿戴防护用品。
- 能在维护检修设备的过程中,根据具体情况采取不同的安全防护措施。

四、 课程内容与要求

学习任务	技能与学习要求	知识与学习要求	参考学时
1. 燃烧爆炸安全防护	1. 燃烧爆炸识别 ● 能正确判断燃烧、火灾、爆炸的类型 2. 燃烧爆炸安全防护 ● 能分析火灾爆炸事故的危险性 ● 能采取有效的防火防爆措施	1. 燃烧的特征和要素 ● 了解燃烧的特征 ● 说出燃烧的要素 2. 燃烧的类型 ● 举例说明燃烧的类型 3. 火灾的定义和类型 ● 了解火灾的定义 ● 举例说明火灾的类型 4. 爆炸的定义和基本特征 ● 了解爆炸的定义 ● 说出爆炸的基本特征	10

（续表）

学习任务	技能与学习要求	知识与学习要求	参考学时
1. 燃烧爆炸安全防护		5. 爆炸的类型和破坏作用 ● 举例说明爆炸的类型 ● 说出爆炸的破坏作用 6. 爆炸极限的定义和爆炸危险度的计算公式 ● 说出爆炸极限、爆炸上限、爆炸下限的定义 ● 记住爆炸危险度的计算公式 7. 爆炸极限的影响因素 ● 简述爆炸极限的影响因素 8. 粉尘爆炸的概念、特点和条件 ● 了解粉尘爆炸的概念 ● 说出粉尘爆炸的特点和条件 9. 粉尘爆炸极限的影响因素 ● 简述粉尘爆炸极限的影响因素 10. 火灾爆炸事故的特点和危险性 ● 说出火灾爆炸事故的特点 ● 说出火灾爆炸事故的危险性 11. 防火防爆措施 ● 举例说明防火防爆措施	
	3. 火灾扑救 ● 能正确选择火灾探测器 ● 能识别火灾报警控制器发出的信号 ● 能根据火灾场所正确选用灭火剂 ● 能正确使用灭火器扑火	12. 火灾探测器的作用、分类和组成 ● 了解火灾探测器的作用和分类 ● 简述火灾探测器的组成 13. 火灾报警控制器的功能及其指示灯的含义 ● 了解火灾报警控制器的功能 ● 说出火灾报警控制器指示灯的含义 14. 火灾扑救方法与原理 ● 列举火灾扑救方法 ● 解释火灾扑救原理 15. 常用灭火剂的种类及其适用场合 ● 列举常用灭火剂的种类 ● 归纳常用灭火剂的适用场合 16. 灭火器的组成和使用方法 ● 简述灭火器的组成 ● 说出灭火器的使用方法	

学习任务	技能与学习要求	知识与学习要求	参考学时
2. 电气安全防护	1. 触电防护 ● 能根据伤害情况正确判断触电类型和方式 ● 能根据不同触电方式采取有效的触电防护措施	1. 触电的危害及安全电压 ● 了解触电对人体的危害 ● 记住安全电压 2. 触电事故的种类和发生的原因 ● 说出电击、电伤的主要特征 ● 解释触电事故发生的原因 3. 触电方式及其含义 ● 说出触电方式及其含义 4. 触电防护措施 ● 举例说明触电防护措施	8
	2. 静电防护 ● 能分析生产过程中静电产生的原因 ● 能根据不同场景需求采取有效的静电防护措施	5. 静电的概念和现象 ● 描述静电的概念和现象 6. 静电产生的方式及其危害 ● 说出静电产生的方式 ● 举例说明静电的危害 7. 静电防护措施 ● 说出静电引起火灾和爆炸的条件 ● 举例说明静电防护措施	
	3. 雷电防护 ● 能分析雷电造成的危害 ● 能正确选用防雷保护装置	8. 雷电的概念和危害 ● 说出雷电的概念 ● 简述直接雷击、感应雷击、雷电侵入波的危害 9. 防雷保护装置的种类和适用场合 ● 列举防雷保护装置的种类 ● 描述各类防雷保护装置的适用场合	
3. 危险化学品安全防护	1. 危险化学品识别 ● 能根据危险化学品危害、理化性质、危险特征正确判断危险化学品的类型 ● 能识读危险货物编号	1.《全球化学品统一分类和标签制度》的基本内容 ● 记住危险化学品的定义 ● 说出化学品危害性的统一分类 ● 说出化学品危害信息的统一公示制度 2.《化学品分类和危险性公示　通则》(GB 13690—2009)的基本内容 ● 了解化学品的分类	10

（续表）

学习任务	技能与学习要求	知识与学习要求	参考学时
3. 危险化学品安全防护		3. 《危险货物分类和品名编号》(GB 6944—2012)的基本内容 ● 举例说明危险货物的分类 ● 说出危险货物编号的构成	
	2. 危险化学品信息获取 ● 能查阅化学品安全技术说明书（以下简称 MSDS）或化学品安全标签，并获取化学品安全信息	4. MSDS 的主要作用和内容 ● 说出 MSDS 的主要作用 ● 描述 MSDS 的详细内容 5. 化学品安全标签的定义和内容 ● 了解化学品安全标签的定义 ● 概述化学品安全标签的内容	
	3. 化学品安全标签制作 ● 能根据相关信息制作化学品安全标签	6. 危险象形图的特点、种类、含义和先后顺序 ● 说出危险象形图的特点、种类、含义和先后顺序 7. 信号词的种类和先后顺序 ● 说出信号词的种类和先后顺序 8. 危险性说明所用的短语和先后顺序 ● 举例说明危险性说明所用的短语和先后顺序 9. 防范说明的内容 ● 举例说明防范说明的内容 10. 产品和供应商标识的内容 ● 概述产品和供应商标识的内容	
	4. 危险化学品管理 ● 能按照有关法律规定和国家标准正确填写危险化学品入库、出库信息 ● 能按照有关法律规定和国家标准识别危险化学品储存、运输中的风险	11. 关于危险化学品储存的规定和管理 ● 简述关于危险化学品储存的规定 ● 说出关于危险化学品储存的入库、出库管理 12. 关于危险化学品装卸、运输的规定和要求 ● 说出关于危险化学品装卸的规定和要求 ● 简述关于危险化学品运输的规定和要求	

学习任务	技能与学习要求	知识与学习要求	参考学时
4. 特种设备安全防护	1. 特种设备识别 ● 能根据定义识别特种设备 ● 能根据特种设备的相关管理规定对特种设备进行现场检查	1. 特种设备的定义和特点 ● 了解特种设备的定义 ● 简述特种设备的特点 2. 特种设备的类型和相关管理规定 ● 举例说明特种设备的类型 ● 简述特种设备的相关管理规定	8
	2. 压力管道安全防护 ● 能正确判断压力管道的类型 ● 能分析压力管道的不安全因素和事故发生的原因 ● 能对压力管道进行日常检查和保养 ● 能定期检验压力管道	3. 压力管道的定义和组成元件 ● 了解压力管道的定义 ● 说出压力管道的组成元件 4. 压力管道的类型 ● 举例说明压力管道的类型 5. 压力管道的异常现象 ● 描述压力管道的异常现象 6. 压力管道事故发生的原因 ● 归纳压力管道事故发生的原因 7. 压力管道的安全运行 ● 说出压力管道安全运行的技术要点 ● 简述压力管道的日常检查和保养 8. 压力管道的定期检验 ● 说出压力管道在线检验和全面检验的周期	
	3. 压力容器安全防护 ● 能正确判断压力容器的类型 ● 能分析压力容器事故发生的原因 ● 能对压力容器进行日常检查和保养 ● 能根据检验项目定期检验压力容器	9. 压力容器的含义和基本结构 ● 了解压力容器的含义 ● 说出压力容器的基本结构 10. 压力容器的类型 ● 说出压力容器的类型 11. 压力容器的常见事故及其发生的原因 ● 列举压力容器的常见事故 ● 归纳压力容器事故发生的原因 12. 压力容器的安全运行 ● 说出压力容器安全运行的注意事项 ● 简述压力容器的日常检查和保养 13. 压力容器的定期检验 ● 说出压力容器的检验项目和检验周期	

（续表）

学习任务	技能与学习要求	知识与学习要求	参考学时
4. 特种设备安全防护	4. 安全气瓶识别和操作 ● 能根据气瓶标识正确识别气瓶的类型 ● 能正确操作安全气瓶	14. 气瓶的概念和安全附件 ● 了解气瓶的概念 ● 说出气瓶的安全附件 15. 气瓶的分类及其标识的含义 ● 说出气瓶的分类 ● 举例说明气瓶标识的含义 16. 气瓶的危险性和安全操作原则 ● 描述气瓶的危险性 ● 简述气瓶入库、运输、搬运、存放、使用的安全操作原则	
	5. 锅炉安全防护 ● 能识别锅炉的类型和结构 ● 能分析常见锅炉事故发生的原因 ● 能正确操作锅炉 ● 能根据检验项目定期检验锅炉	17. 锅炉的含义和分类 ● 了解锅炉的含义 ● 说出锅炉的分类 18. 锅炉的型号和整体结构 ● 识别锅炉的型号 ● 说出锅炉的整体结构 19. 锅炉的工作特性 ● 描述锅炉的工作特性 20. 锅炉运行过程中的风险 ● 了解锅炉运行过程中的风险 21. 常见锅炉事故的类型及其发生的原因 ● 列举常见锅炉事故的类型 ● 归纳常见锅炉事故发生的原因 22. 锅炉安全启动和停炉的操作步骤 ● 概述锅炉安全启动和停炉的操作步骤 23. 锅炉正常运行过程中的注意事项 ● 列举锅炉正常运行过程中的注意事项 24. 锅炉的检验和保养 ● 说出锅炉的检验项目和检验周期 ● 简述锅炉停炉保养的基本原则	
5. 职业危害防护与控制	1. 职业病判断 ● 能判断是否属于职业病	1. 职业病的定义及其发生的原因 ● 了解职业病的定义 ● 简述职业病发生的原因 2. 职业病的特点 ● 说出职业病的特点	10

（续表）

学习任务	技能与学习要求	知识与学习要求	参考学时
5. 职业危害防护与控制		3. 职业病的认定 ● 说出界定职业病的基本条件 4. 职业病的分类 ● 说出职业病的分类	
	2. 工业毒物防护 ● 能正确判断工业毒物的类型 ● 能根据工业毒物的毒性评价指标正确判断工业毒物的毒性等级 ● 能分析工业毒物对人体的危害 ● 能根据要求采取有效的工业毒物防护措施	5. 工业毒物的定义和物理状态 ● 了解工业毒物的定义 ● 列举工业毒物的物理状态 6. 工业毒物的毒性评价指标和毒性分级 ● 说出工业毒物的毒性评价指标 ● 说出工业毒物的毒性分级 7. 工业毒物进入人体的途径 ● 说出工业毒物进入人体的途径 8. 工业毒物的危害和防护措施 ● 说出工业毒物对人体的危害 ● 举例说明工业毒物防护措施	
	3. 生产性粉尘防护 ● 能正确判断生产性粉尘的类型 ● 能分析生产性粉尘对人体的危害 ● 能根据要求采取有效的生产性粉尘防护措施	9. 生产性粉尘的定义和来源 ● 了解生产性粉尘的定义 ● 简述生产性粉尘的来源 10. 生产性粉尘的分类 ● 说出生产性粉尘的分类 11. 生产性粉尘的危害和防护措施 ● 说出生产性粉尘对人体的危害 ● 举例说明生产性粉尘防护措施	
	4. 噪声防护 ● 能正确判断噪声的类型 ● 能根据噪声对人体的影响正确判断噪声的强度 ● 能分析噪声对人体的危害 ● 能根据要求采取有效的噪声防控措施	12. 噪声的定义和分类 ● 了解噪声的定义 ● 说出噪声的分类 13. 噪声的强度和危害 ● 举例说明噪声的强度 ● 说出噪声对人体的危害 14. 噪声防控措施 ● 举例说明噪声防控措施	
	5. 电磁辐射防护 ● 能正确判断电磁辐射的类型 ● 能分析电磁辐射对人体的危害 ● 能根据要求采取有效的电磁辐射防护措施	15. 电磁辐射的定义和分类 ● 了解电磁辐射的定义 ● 说出电磁辐射的分类 16. 电磁辐射的危害和防护措施 ● 说出电磁辐射对人体的危害 ● 举例说明电磁辐射防护措施	

(续表)

学习任务	技能与学习要求	知识与学习要求	参考学时
5. 职业危害防护与控制	6. 个人防护用品使用 ● 能合理选择个人防护用品 ● 能正确穿戴个人防护用品	17. 个人防护用品的种类和使用场合 ● 了解个人防护用品的种类 ● 说出个人防护用品的使用场合 18. 个人防护用品的使用方法和注意事项 ● 举例说明个人防护用品的使用方法 ● 举例说明个人防护用品的注意事项	
	7. 现场急救 ● 能根据伤情初步选用现场急救的基本技术，并进行简单操作	19. 现场急救的评判方法 ● 举例说明现场情况的评估方法 ● 举例说明伤者伤情的判断方法 20. 现场急救的原则 ● 说出现场急救的原则 21. 现场急救的基本技术 ● 了解现场急救的基本技术 ● 描述现场急救的操作方法	
6. 检修安全防护	1. 设备维护检修 ● 能分析设备维护的基本要求 ● 能识别工作环境中需要保养的关键点 ● 能根据设备操作与保养规程识别设备检修过程中的风险 ● 能预防与控制风险	1. 设备维护保养的目的和基本要求 ● 了解设备维护保养的目的 ● 复述设备维护保养的基本要求 2. 设备维护保养的方式 ● 说出设备维护保养的方式 3. 设备检修的目的和分类 ● 了解设备检修的目的 ● 说出设备检修的分类 4. 设备检修的常见伤害类型及其事故控制措施 ● 描述设备检修过程中的常见伤害类型 ● 举例说明设备检修事故控制措施	8
	2. 能源隔离 ● 能识别危险能源 ● 能根据工作区域的具体情况正确选择能源隔离的类型 ● 能准确执行能源隔离的程序和步骤	5. 能源的概念和危害 ● 了解能源的概念 ● 说出能源的危害 6. 能源隔离的分类和使用场合 ● 说出能源隔离的分类 ● 了解各类能源隔离的使用场合 7. 能源隔离的基本操作 ● 说出能源隔离的实施条件 ● 描述实施隔离和取消隔离的具体流程 ● 简述能源隔离的操作标准	

（续表）

学习任务	技能与学习要求	知识与学习要求	参考学时
6. 检修安全防护	3. 有限空间作业安全防护 ● 能根据条件辨识有限空间 ● 能分析有限空间作业的潜在危险 ● 能根据要求判断有限空间是否可以进入 ● 能根据有限空间作业前、作业中、作业后的需求采取合理的安全预防和应急救援措施	8. 有限空间作业的概念和必要条件 ● 了解有限空间作业的概念 ● 列举有限空间作业的必要条件 9. 有限空间作业的潜在危险和常见事故类型 ● 列举有限空间作业的潜在危险 ● 归纳有限空间作业的常见事故类型 10.《有限空间安全作业五条规定》的主要内容 ● 简述《有限空间安全作业五条规定》的主要内容 11. 有限空间安全作业的基本要求和程序 ● 说出有限空间安全作业的基本要求 ● 说出有限空间安全作业的程序 12. 有限空间作业的安全预防和应急救援措施 ● 列举有限空间作业前、作业中、作业后的安全预防措施 ● 描述紧急救援的优先顺序 ● 说出有限空间作业前、作业中、作业后的应急救援措施	
	4. 动火作业安全防护 ● 能识别动火区域的级别 ● 能识别动火作业的风险 ● 能检查动火作业许可证 ● 能制定合理的动火作业安全操作流程和应急救援措施	13. 动火作业的定义 ● 了解动火作业的定义 14. 动火作业级别和区域的划分 ● 说出动火作业级别的划分 ● 归纳动火作业区域的划分 15. 动火作业的风险 ● 说出动火作业的风险 16. 动火作业的原则 ● 复述动火作业的六大禁令 ● 复述动火作业的四不动火原则 17. 动火作业的安全操作流程 ● 记住动火作业的安全操作流程 ● 复述动火作业许可证的办理流程 18. 动火作业的安全预防和应急救援措施 ● 说出动火作业的安全预防措施 ● 了解动火作业的应急救援措施 19. 动火作业相关人员的职责 ● 简述动火作业相关人员的职责	

（续表）

学习任务	技能与学习要求	知识与学习要求	参考学时
6. 检修安全防护	5. 高处作业安全防护 ● 能根据作业形式和作业高度正确判断高处作业的类型 ● 能分析高处作业的危险因素 ● 能根据要求正确使用高处作业的安全防护用具 ● 能根据高处作业前、作业中、作业后的需求采取合理的安全防护措施	20. 高处作业的概念和分级 ● 了解高处作业的概念 ● 说出高处作业的分级 21. 高处作业的类型和危险因素 ● 列举高处作业的类型 ● 说出高处作业的危险因素 22. 高处作业的安全操作规范 ● 列举高处作业的安全防护用具 ● 列举高处作业前、作业中、作业后的安全防护措施	
总学时			54

五、 实施建议

（一）教材编写与选用建议

1. 应依据本课程标准编写教材或选用教材，从国家和市级教育行政部门发布的教材目录中选用教材，优先选用国家和市级规划教材。

2. 教材要充分体现育人功能，紧密结合教材内容、素材，有机融入课程思政要求，将课程思政内容与专业知识、技能有机统一。

3. 教材编写应转变以教师为中心的传统教材观，以学生的"学"为中心，遵循中职学生的学习特点与规律，以学生的思维方式设计教材结构和组织教材内容。

4. 教材编写应以职业能力为逻辑线索，按照职业能力培养由易到难、由简单到复杂、由单一到综合的规律，确定教材各部分的目标、内容，并进行相应的任务、活动设计等，从而构建结构清晰、层次分明的教材内容体系。

5. 教材在进行整体设计和内容选取时，要注重引入行业发展的新业态、新知识、新技术、新工艺、新方法，对接相应的职业标准和岗位要求，贴近工作实际，体现先进性和实用性，创设或引入职业情境，增强教材的职场感。

6. 教材应以学生为本，增强对学生的吸引力，贴近岗位技能与知识的要求，符合学生的认知，采用生动活泼的、学生乐于接受的语言、图表等呈现内容，让学生在使用教材时有亲切感、真实感。

7. 教材应注重实践内容的可操作性，强调在操作中理解与应用理论。

（二）教学实施建议

1. 切实推进课程思政在教学中的有效实施，寓价值观引导于知识传授和能力培养中，帮助学生塑造正确的世界观、人生观、价值观。深入梳理教学内容，结合课程特点，充分挖掘课程内容中的思政元素，把思政教学与专业知识、技能教学融为一体，达到润物无声的育人效果。

2. 充分体现职业教育"实践导向、任务引领、理实一体、做学合一"的课改理念，紧密联系新型建筑材料生产技术行业的实际应用，以岗位的典型工作任务为载体，加强理论教学与实践教学的结合，充分利用各种实训场所与设备，以学生为教学主体，以能力为本位，以职业活动为导向，以专业技能为核心，使学生在做中学、学中做，引导学生进行实践和探索，注重培养学生的实际操作能力、分析问题和解决问题的能力。

3. 牢固树立以学生为中心的教学理念，充分尊重学生。教师应成为学生学习的组织者、指导者和同伴，遵循学生的认知特点和学习规律，围绕学生的"学"设计教学活动。

4. 改变传统的灌输式教学，充分调动学生学习的积极性、能动性，采取灵活多样的教学方式，积极探索自主学习、合作学习、探究式学习、问题导向式学习、体验式学习、混合式学习等体现教学新理念的教学方式。

5. 依托多元的现代信息技术手段，将其有效运用于教学，改进教学方法与手段，提升教学效果。

6. 注重技能训练及重点环节的教学设计，每次活动都力求使学生上一个新台阶，技能训练既有连续性又有层次性。

7. 注重培养学生良好的操作习惯，把法治意识、规范意识、安全意识、质量意识、服务意识、职业道德和敬业精神融入教学活动中，促进学生综合职业素养的养成。

（三）教学评价建议

1. 以课程标准为依据，开展基于课程标准的教学评价。

2. 以评促教、以评促学，通过课堂教学及时评价，不断改进教学手段。

3. 教学评价始终坚持德技并重的原则，构建德技融合的专业课教学评价体系，把思政和职业素养的评价内容与要求细化为具体的评价指标，有机融入专业知识与技能的评价指标体系中，形成可观察可测量的评价量表，综合评价学生学习情况。通过有效评价，在日常教学中不断促进学生良好的思想品德和职业素养的形成。

4. 注重日常教学中对学生学习的评价，充分利用多种过程性评价工具，如评价表、记录袋等，积累过程性评价数据，形成过程性评价与终结性评价相结合的评价模式。

5. 在日常教学中开展对学生学习的评价时，充分利用信息化手段，借助各类较成熟的教育评价平台,探索线上与线下相结合的评价模式,提高评价的科学性、专业性和客观性。

(四) 资源利用建议

1. 充分开发和利用常用课程资源。利用活页式教材、图片、录像、视听光盘、多媒体软件等,创设生动形象的工作情境,激发学生的学习兴趣,促进学生对专业知识的理解和掌握。建议加强常用课程资源的开发,建立多媒体课程资源数据库,努力实现中职学校之间的课程资源共享。

2. 积极开发和利用网络课程资源,充分利用电子书籍、电子期刊、数字图书馆、教育网站和电子论坛等网络资源,使教学从单一媒体向多媒体转变,使教学活动从信息的单向传递向双向传递转变,使学生从单独学习向合作学习转变。

3. 充分利用校企合作资源,与本行业的优质企业建立密切关系,积极建设实习实训基地,满足学生的实习实训需求,并在此过程中进行课程资源开发。

4. 充分利用学校的实训设施设备,使教学与实训合二为一,满足学生综合职业能力培养的要求。

混凝土制品生产与管理课程标准

▌课程名称

混凝土制品生产与管理

▌适用专业

中等职业学校新型建筑材料生产技术专业

一、 课程性质

本课程是中等职业学校新型建筑材料生产技术专业的一门专业核心课程,也是该专业的一门必修课程。其功能是使学生掌握混凝土制品的生产工艺以及主要生产与测量设备的操作流程,具备从事混凝土制品生产与管理工作岗位所需的职业能力。本课程是新型建材物理性能检测的后续课程,为学生后续学习其他专业课程奠定基础。

二、 设计思路

本课程遵循任务引领、做学合一的原则,根据新型建筑材料生产技术专业职业岗位的工作任务与职业能力分析结果,以预拌混凝土和预制构件生产与管理工作领域的相关工作任务与职业能力为依据而设置。

课程内容紧紧围绕混凝土制品生产与管理能力培养的需要,选取了混凝土制品生产以及质量检验、设备管理等内容,遵循适度够用的原则,确定相关理论知识、专业技能与要求,并融入水泥混凝土制品工职业技能等级证书(四级)的相关考核要求。

课程内容组织按照职业能力发展规律和学生认知规律,以预拌混凝土和预制构件生产与管理的典型工作任务为逻辑主线,包括原材料质量监控、混凝土配合比设计与计算、预拌混凝土生产与管理、预拌混凝土质量检验、预拌混凝土生产与测量设备管理、预制构件生产与管理、预制构件质量检验 7 个学习工作任务。以任务为引领,通过任务整合相关知识、技能与职业素养,充分体现任务引领型课程的特点。

本课程建议学时数为 72 学时。

三、 课程目标

通过本课程的学习,学生能熟悉混凝土制品生产与管理的基础知识,掌握混凝土生产设备操作和混凝土质量检验的基本技能,具备对混凝土制品生产与测量设备进行管理的基本能力,达到水泥混凝土制品工职业技能等级证书(四级)的相关考核要求,具体达成以下职业素养和职业能力目标。

(一)职业素养目标

- 具有良好的职业道德,自觉遵守法律法规和企业规章制度。
- 具有爱岗敬业、认真负责、严谨细致、专注执着、一丝不苟的职业态度。
- 具有安全文明生产、节能环保和严格遵守安全操作规程的职业意识。
- 具备在混凝土制品生产与管理过程中进行有效分析和总结的能力。
- 具备良好的团队协作能力和凝聚力。
- 坚持"以试验为依据,以质量保证为目标"的原则,严控原材料质量,以提高混凝土品质。

(二)职业能力目标

- 能对原材料进行质量监控,并完成规范入库。
- 能根据施工要求对混凝土进行配合比设计与计算。
- 能对预拌混凝土搅拌和泵送进行管理,并对生产流程进行监控。
- 能对预拌混凝土进行质量检验。
- 能根据安全规范对混凝土生产与测量设备进行操作和管理。
- 能根据生产要求对预制构件进行生产与管理以及质量检验。

四、 课程内容与要求

学习任务	技能与学习要求	知识与学习要求	参考学时
1. 原材料质量监控	1. 混凝土原材料入库 ● 能查阅混凝土原材料的国家标准、行业规范等资料 ● 能根据仓库管理制度填写原材料入库台账 ● 能检查进厂原材料的进货单、技术资料和质量保证书	1. 混凝土原材料的入库流程 ● 简述混凝土原材料的入库流程 2. 混凝土原材料的品种和规格 ● 说出水泥、骨料、外加剂、掺合料的品种和规格	12
	2. 混凝土原材料采样 ● 能按照国家标准对混凝土原材料进行采样 ● 能正确填写取样记录表	3. 混凝土原材料的采样规则和采样方法 ● 简述水泥、骨料、外加剂、掺合料的采样规则 ● 简述水泥、骨料、外加剂、掺合料的采样方法 4. 取样记录表的填写要素 ● 简述取样记录表的填写要素	

学习任务	技能与学习要求	知识与学习要求	参考学时
1. 原材料质量监控	3. 混凝土原材料质量检验 ● 能操作各种常用检测仪器 ● 能按照国家标准对混凝土原材料进行质量检验 ● 能按照规范要求记录和填写原材料质量报告	5. 混凝土原材料的国家标准和质量检验方法 ● 说出水泥、骨料、外加剂、掺合料的国家标准 ● 简述水泥、骨料、外加剂、掺合料的质量检验方法 6. 原材料质量报告的填写规范 ● 说出原材料质量报告的填写规范	
	4. 混凝土不合格原材料处理 ● 能按照国家标准对混凝土不合格原材料进行处理 ● 能正确填写不合格品处理记录单	7. 混凝土不合格原材料的鉴别依据和处理措施 ● 说出混凝土不合格原材料的鉴别依据 ● 简述混凝土不合格原材料的处理措施	
2. 混凝土配合比设计与计算	1. 混凝土配合比设计 ● 能根据施工要求设计混凝土配合比 ● 能完成混凝土配合比计算	1. 混凝土配合比设计的基本要求 ● 说出混凝土配合比设计的基本要求 2. 混凝土配合比设计所需的基本资料 ● 简述混凝土配合比设计所需的基本资料 3. 混凝土配合比设计中主要参数的确定原则和确定方法 ● 简述混凝土配合比设计中主要参数的确定原则 ● 简述混凝土配合比设计中主要参数的确定方法 4. 混凝土配合比的设计步骤和计算步骤 ● 简述混凝土配合比的设计步骤 ● 说出混凝土配合比的计算步骤 5. 混凝土配合比设计与调整的方法和目的 ● 概述混凝土配合比设计与调整的方法 ● 概述混凝土配合比设计与调整的目的	16
	2. 混凝土和易性测定 ● 能测定混凝土拌合物的坍落度，并目测其粘聚性和保水性 ● 能调整单位用水量和砂石用量，测定混凝土和易性，并提出改善混凝土和易性的措施	6. 混凝土和易性的概念和指标 ● 说出混凝土和易性的概念和指标 7. 混凝土和易性三项指标的测定方法 ● 简述混凝土流动性、粘聚性、保水性的测定方法 8. 混凝土和易性的影响因素和调整方法 ● 简述混凝土和易性的影响因素 ● 说出混凝土和易性的调整方法	

（续表）

学习任务	技能与学习要求	知识与学习要求	参考学时
2. 混凝土配合比设计与计算	3. 混凝土配合比签发 ● 能正确填写混凝土施工配料单	9. 混凝土配合比签发流程 ● 简述混凝土配合比签发流程	
3. 预拌混凝土生产与管理	1. 预拌混凝土工艺流程编制 ● 能简单绘制预拌混凝土的工艺流程图	1. 预拌混凝土的工艺流程 ● 简述预拌混凝土的工艺流程 ● 说出预拌混凝土生产过程中的五大系统	14
	2. 预拌混凝土搅拌管理 ● 能根据配料单对配料计量进行校核，确认无误后再开机搅拌 ● 能根据设备说明书和生产要求控制混凝土的搅拌时间 ● 能对计量设备进行零点校准 ● 能在混凝土拌制期间，测定骨料含水率，并根据检测结果调整用水量和骨料用量	2. 混凝土配料计量的校核方法 ● 说出混凝土原材料计量的允许偏差范围 ● 简述混凝土配料计量的校核方法 3. 混凝土搅拌时间的具体要求 ● 简述查看搅拌设备说明书的基本要求 ● 了解混凝土中不同外加剂的搅拌时间 4. 计量器的校正方法 ● 说出计量器的校正方法 5. 骨料含水率的测定方法和调整方法 ● 说出骨料含水率的测定方法 ● 说出骨料含水率的调整方法	
	3. 预拌混凝土泵送管理 ● 能编制简单的预拌混凝土泵送方案 ● 能对预拌混凝土泵送操作进行管理 ● 能针对预拌混凝土泵送中出现的常见问题提出解决方案 ● 能通过中控系统对预拌混凝土的生产流程进行监控	6. 预拌混凝土的生产设备 ● 概述预拌混凝土的泵送方法和泵送设备 7. 预拌混凝土泵送管理办法 ● 说出预拌混凝土泵送过程中的安全管理措施 ● 概述预拌混凝土泵送设备的日常维护保养 ● 简述预拌混凝土泵送设备的安全操作规程	
	4. 预拌混凝土场区安全生产管理 ● 能协助进行预拌混凝土场区安全生产管理	8. 预拌混凝土场区安全生产管理措施 ● 说出预拌混凝土场区安全生产管理措施	
4. 预拌混凝土质量检验	1. 预拌混凝土取样 ● 能按照操作规范对预拌混凝土进行取样	1. 预拌混凝土的取样要求 ● 说出预拌混凝土的取样要求	8

（续表）

学习任务	技能与学习要求	知识与学习要求	参考学时
4. 预拌混凝土质量检验	2. 预拌混凝土质量检验 ● 能按照国家标准对预拌混凝土进行质量检验 ● 能按照国家标准对预拌混凝土不合格品进行相应处理	2. 预拌混凝土质量检验方法 ● 说出预拌混凝土坍落度的检验方法 ● 说出预拌混凝土强度的检验方法 3. 预拌混凝土强度的影响因素 ● 说出预拌混凝土强度的影响因素 4. 预拌混凝土不合格品的判定依据和处理措施 ● 说出预拌混凝土不合格品的判定依据 ● 说出预拌混凝土不合格品的处理措施 5. 预拌混凝土质量的国家标准、检测规范和环保要求 ● 简述预拌混凝土质量的国家标准、检测规范和环保要求	
5. 预拌混凝土生产与测量设备管理	1. 混凝土制品生产与测量设备采购和验收 ● 能采购混凝土制品生产与测量设备 ● 能验收混凝土制品生产与测量设备	1. 混凝土制品生产与测量设备的采购流程和验收流程 ● 说出混凝土制品生产与测量设备的采购流程 ● 说出混凝土制品生产与测量设备的验收流程 ● 说出混凝土标准养护箱的使用方法 ● 说出加气混凝土生产线设备的生产工艺	8
	2. 混凝土制品生产与测量设备使用和保养 ● 能对混凝土制品生产与测量设备进行日常维护保养 ● 能通过仿真系统监测生产过程中的关键参数	2. 混凝土制品生产与测量设备的使用方法和维护保养要点 ● 简述混凝土制品生产与测量设备的使用方法 ● 简述混凝土制品生产与测量设备的维护保养要点	
	3. 混凝土制品生产与测量设备异常处理和报废 ● 能识别生产过程中仪器设备的异常情况，做好相关记录，并及时通知技术部门进行处理 ● 能对混凝土制品生产与测量设备进行报废处理	3. 混凝土制品生产与测量设备异常的处理方法和报废流程 ● 简述混凝土制品生产与测量设备异常的处理方法 ● 简述混凝土制品生产与测量设备的报废流程	

（续表）

学习任务	技能与学习要求	知识与学习要求	参考学时
6. 预制构件生产与管理	1. 预制构件工艺流程编制 ● 能简单绘制预制构件的工艺流程图	1. 预制构件的工艺流程 ● 说出预制构件的工艺流程 2. 装配整体式混凝土结构 ● 概述装配整体式混凝土结构 3. 预制构件的技术特征 ● 概述预制构件的技术特征	8
	2. 预制构件生产材料控制 ● 能根据进厂要求完成预制构件生产	4. 预制构件模具和工装安装检验的规定和项目 ● 简述预制构件模具和工装安装检验的一般规定 ● 说出预制构件模具和工装安装检验的主控项目和一般项目 5. 钢筋和预埋件加工安装检验的规定和项目 ● 简述钢筋和预埋件加工安装检验的一般规定 ● 说出钢筋和预埋件加工安装检验的主控项目和一般项目 6. 混凝土检验的规定和项目 ● 说出混凝土检验的一般规定 ● 说出混凝土检验的主控项目和一般项目	
	3. 预制构件生产工艺和设备配置 ● 能识别预制构件生产线的设备配置	7. 预制构件工艺设备 ● 说出固定模台工艺设备 ● 说出流水线工艺设备 ● 说出预制构件生产线设备 8. 预制构件生产线设备的用途 ● 说出预制构件生产线设备的用途	
	4. 预制构件管理 ● 能根据检查结果和检验报告对材料进行处置 ● 能编写预制构件生产、堆放和运输管理规范	9. 预制构件管理办法 ● 说出预制构件生产管理要点 ● 概述预制构件堆放和运输管理要点	
	5. BIM技术在预制构件生产与管理中的运用 ● 能在预制构件生产与管理中运用BIM技术，以实现实时监测和质量管控	10. BIM技术运用 ● 简述BIM技术在预制构件生产阶段的运用 ● 简述将BIM技术与物联网技术相结合，实现实时监测和质量管控的运用	

（续表）

学习任务	技能与学习要求	知识与学习要求	参考学时
7. 预制构件质量检验	1. 预制构件成品质量检验 ● 能对预制构件成品进行质量检验 ● 能正确填写预制构件质量证明书 2. 预制构件生产质量预控 ● 能对预制构件生产过程进行质量预控	1. 预制构件抽样检验批的划分方法 ● 简述预制构件抽样检验批的划分方法 2. 预制构件结构性能的检验要求和检验方法 ● 简述预制构件结构性能的检验要求 ● 说出预制构件结构性能的检验方法 3. 预制构件成品检验的一般规定 ● 简述预制构件成品检验的一般规定 4. 预制构件成品检验的主控项目 ● 说出预制构件成品检验的主控项目 5. 预制构件成品检验的一般项目 ● 说出预制构件成品检验的一般项目 6. 预制构件质量证明书的内容 ● 概述预制构件质量证明书的内容 7. 预制构件质量的影响因素和预控措施 ● 简述预制构件质量的影响因素 ● 简述保证预制构件质量的预控措施	6
总学时			72

五、 实施建议

（一）教材编写与选用建议

1. 应依据本课程标准编写教材或选用教材,从国家和市级教育行政部门发布的教材目录中选用教材,优先选用国家和市级规划教材。

2. 教材要充分体现育人功能,紧密结合教材内容、素材,有机融入课程思政要求,将课程思政内容与专业知识、技能有机统一。

3. 教材编写应转变以教师为中心的传统教材观,以学生的"学"为中心,遵循中职学生的学习特点与规律,以学生的思维方式设计教材结构和组织教材内容。

4. 教材编写应以职业能力为逻辑线索,按照职业能力培养由易到难、由简单到复杂、由单一到综合的规律,确定教材各部分的目标、内容,并进行相应的任务、活动设计等,从而构建结构清晰、层次分明的教材内容体系。

5. 教材在进行整体设计和内容选取时,要注重引入行业发展的新业态、新知识、新技术、新工艺、新方法,对接相应的职业标准和岗位要求,贴近工作实际,体现先进性和实用性,创设或引入职业情境,增强教材的职场感。

6. 教材应以学生为本,增强对学生的吸引力,贴近岗位技能与知识的要求,符合学生的认知,采用生动活泼的、学生乐于接受的语言、图表等呈现内容,让学生在使用教材时有亲切感、真实感。

7. 教材应注重实践内容的可操作性,强调在操作中理解与应用理论。

（二）教学实施建议

1. 切实推进课程思政在教学中的有效实施,寓价值观引导于知识传授和能力培养中,帮助学生塑造正确的世界观、人生观、价值观。深入梳理教学内容,结合课程特点,充分挖掘课程内容中的思政元素,把思政教学与专业知识、技能教学融为一体,达到润物无声的育人效果。

2. 充分体现职业教育"实践导向、任务引领、理实一体、做学合一"的课改理念,紧密联系新型建筑材料生产技术行业的实际应用,以岗位的典型工作任务为载体,加强理论教学与实践教学的结合,充分利用各种实训场所与设备,以学生为教学主体,以能力为本位,以职业活动为导向,以专业技能为核心,使学生在做中学、学中做,引导学生进行实践和探索,注重培养学生的实际操作能力、分析问题和解决问题的能力。

3. 牢固树立以学生为中心的教学理念,充分尊重学生。教师应成为学生学习的组织者、指导者和同伴,遵循学生的认知特点和学习规律,围绕学生的"学"设计教学活动。

4. 改变传统的灌输式教学,充分调动学生学习的积极性、能动性,采取灵活多样的教学方式,积极探索自主学习、合作学习、探究式学习、问题导向式学习、体验式学习、混合式学习等体现教学新理念的教学方式。

5. 依托多元的现代信息技术手段,将其有效运用于教学,改进教学方法与手段,提升教学效果。

6. 注重技能训练及重点环节的教学设计,每次活动都力求使学生上一个新台阶,技能训练既有连续性又有层次性。

7. 注重培养学生良好的操作习惯,把法治意识、规范意识、安全意识、质量意识、服务意识、职业道德和敬业精神融入教学活动中,促进学生综合职业素养的养成。

（三）教学评价建议

1. 以课程标准为依据,开展基于课程标准的教学评价。

2. 以评促教、以评促学,通过课堂教学及时评价,不断改进教学手段。

3. 教学评价始终坚持德技并重的原则,构建德技融合的专业课教学评价体系,把思政和职业素养的评价内容与要求细化为具体的评价指标,有机融入专业知识与技能的评价指标体系中,形成可观察可测量的评价量表,综合评价学生学习情况。通过有效评价,在日常教学中不断促进学生良好的思想品德和职业素养的形成。

4. 注重日常教学中对学生学习的评价,充分利用多种过程性评价工具,如评价表、记录袋等,积累过程性评价数据,形成过程性评价与终结性评价相结合的评价模式。

5. 在日常教学中开展对学生学习的评价时,充分利用信息化手段,借助各类较成熟的教育评价平台,探索线上与线下相结合的评价模式,提高评价的科学性、专业性和客观性。

(四) 资源利用建议

1. 重视开发符合中职学生学习特点的校本教材。

2. 充分开发和利用常用课程资源。利用活页式教材、图片、录像、视听光盘、多媒体软件等,创设生动形象的工作情境,激发学生的学习兴趣,促进学生对专业知识的理解和掌握。建议加强常用课程资源的开发,建立多媒体课程资源数据库,努力实现中职学校之间的课程资源共享。

3. 充分利用新型建筑材料生产技术专业精品课程资源,如教学录像、课件、教学案例、教学评价等,使课程内容更丰富。

4. 积极开发和利用网络课程资源,充分利用电子书籍、电子期刊、数字图书馆、教育网站和电子论坛等网络资源,使教学从单一媒体向多媒体转变,使教学活动从信息的单向传递向多向传递转变,使学生从单独学习向合作学习转变。

5. 充分利用校企合作资源,与本行业的优质企业建立密切关系,积极建设实习实训基地,满足学生的实习实训需求,并在此过程中进行课程资源开发。

6. 充分利用建筑与工程材料开放实训中心的资源优势,加强实践教学管理,实现理实一体化教学。

7. 充分利用技能鉴定站的相关资源,使教学与实训合二为一,满足学生综合职业能力培养的要求。

建筑涂料生产与应用课程标准

▌课程名称

建筑涂料生产与应用

▌适用专业

中等职业学校新型建筑材料生产技术专业

一、 课程性质

本课程是中等职业学校新型建筑材料生产技术专业的一门专业核心课程,也是该专业的一门必修课程。其功能是使学生掌握建筑涂料生产、涂料原辅材料检测、建筑涂料质量检验等基础知识和基本技能,具备从事建筑涂料生产与应用工作岗位所需的职业能力。本课程为学生后续学习其他专业课程奠定基础。

二、 设计思路

本课程遵循任务引领、做学合一的原则,根据新型建筑材料生产技术专业职业岗位的工作任务与职业能力分析结果,以建筑涂料生产与应用工作领域的相关工作任务与职业能力为依据而设置。

课程内容紧紧围绕建筑涂料生产与应用能力培养的需要,选取了建筑涂料种类和用途识别、涂料原辅材料检测、建筑涂料配方设计与调色、建筑涂料生产与管理、建筑涂料质量检验等内容,遵循适度够用的原则,确定相关理论知识、专业技能与要求,并融入化学检验员职业技能等级证书(四级)的相关考核要求。

课程内容组织按照职业能力发展规律和学生认知规律,以建筑涂料生产与应用的典型工作任务为逻辑主线,包括建筑涂料种类和用途识别、涂料原辅材料检测、建筑涂料配方设计与调色、建筑涂料生产与管理、建筑涂料质量检验 5 个学习任务。以任务为引领,通过任务整合相关知识、技能与职业素养,充分体现任务引领型课程的特点。

本课程建议学时数为 72 学时。

三、 课程目标

通过本课程的学习,学生能具备建筑涂料生产与应用的基础知识,掌握涂料原辅材料检测、建筑涂料质量检验等基本技能,达成化学检验员职业技能等级证书(四级)的相关考核要求,具体达成以下职业素养和职业能力目标。

(一)职业素养目标

- 具有良好的职业道德,自觉遵守法律法规和企业规章制度。
- 具有爱岗敬业、认真负责、严谨细致、专注执着、一丝不苟的职业态度。
- 具有安全文明生产、节能环保和严格遵守安全操作规程的职业意识。
- 培养企业 5S 管理(整理、整顿、清扫、清洁和素养)的良好工作习惯。
- 具有诚实守信、吃苦耐劳的工作作风。
- 具有实事求是、严格按照建筑行业国家标准进行职业活动的职业操守。

(二)职业能力目标

- 能正确识别外墙涂料、内墙涂料、地面涂料、纳米涂料的种类和用途。
- 能通过正确操作检测仪器,对涂料原辅材料进行性能检测,以确保合格的原材料投入生产。
- 能根据涂料配方设计原理进行基础配方设计,并进行基础调色与仿色。
- 能按照规范操作涂料生产设备,并进行涂料生产。
- 能按照企业要求进行涂料生产设备管理,并解决设备故障。
- 能完成正确采样,并对建筑涂料成品进行性能检测,以及正确填写质量检测报告。

四、课程内容与要求

学习任务	技能与学习要求	知识与学习要求	参考学时
1. 建筑涂料种类和用途识别	1. 涂料识别 ● 能根据涂料全名或型号识别涂料	1. 涂料的定义和分类 ● 说出涂料的定义 ● 简述涂料的分类 2. 涂料的基本成分及其作用 ● 说出涂料的基本成分及其作用 3. 涂料产品的命名方法和型号组成 ● 说出涂料产品的命名方法 ● 说出涂料产品的型号组成	12
	2. 外墙涂料识别 ● 能正确识别外墙涂料的种类	4. 外墙涂料的特点和主要类型 ● 简述外墙涂料的特点 ● 说出外墙涂料的主要类型	

（续表）

学习任务	技能与学习要求	知识与学习要求	参考学时
1. 建筑涂料种类和用途识别	3. 内墙涂料识别 ● 能正确识别内墙涂料的种类	5. 内墙涂料的特点和主要类型 ● 简述内墙涂料的特点 ● 说出内墙涂料的主要类型	
	4. 地面涂料识别和选用 ● 能正确识别地面涂料的种类 ● 能根据应用场景合理选用地面涂料	6. 地面涂料的主要类型和适用范围 ● 说出地面涂料的主要类型 ● 列举不同地面涂料的适用范围	
	5. 纳米涂料识别和选用 ● 能正确识别纳米涂料的种类 ● 能根据应用场景合理选用纳米涂料	7. 纳米涂料的主要类型和适用范围 ● 说出纳米涂料的主要类型 ● 列举不同纳米涂料的适用范围	
2. 涂料原辅材料检测	1. 涂料配方判断和常规检测 ● 能根据涂料包装桶上的成分说明正确判断涂料配方的具体组成 ● 能对涂料配方中的成膜物质和颜填料进行常规检测	1. 涂料原辅材料的定义及其基本组成的种类 ● 说出涂料原辅材料的定义 ● 说出主要成膜物质、次要成膜物质、辅助成膜物质、挥发分的种类 2. 典型涂料原辅材料的性能、特点和作用 ● 概述树脂、颜填料、助剂和溶剂的性能、特点和作用 3. 成膜物质和颜填料的常规检测方法 ● 说出成膜物质的常规检测方法 ● 说出颜填料的常规检测方法	10
	2. 涂料原辅材料性能检测 ● 能按照国家标准测定树脂的酸值 ● 能按照国家标准测定树脂的固含量 ● 能按照国家标准测定颜料的吸油量 ● 能按照国家标准测定颜料的遮盖力	4. 涂料原辅材料主要性能指标的国家标准 ● 说出树脂酸值和固含量的国家标准 ● 说出颜料吸油量和遮盖力的国家标准 5. 涂料原辅材料的检测方法 ● 概述树脂酸值和固含量的检测方法 ● 概述颜料吸油量和遮盖力的检测方法	

（续表）

学习任务	技能与学习要求	知识与学习要求	参考学时
3. 建筑涂料配方设计与调色	1. 涂料配方设计 ● 能根据涂料配方设计原理选择合适的基料、颜填料、助剂和溶剂 ● 能根据用户需求设计简单的涂料配方	1. 涂料配方设计的基本原理 ● 说出涂料配方设计的基本原理 ● 说出基础配方（标准配方）向工艺配方转化的原理 2. 颜料体积浓度和吸油量的概念 ● 概述颜料体积浓度的概念 ● 说出颜料吸油量的概念 3. 涂料色彩的基础知识 ● 说出色彩的基本属性 ● 说出色彩的三原色 ● 描述间色、补色、复色、暖色、冷色的概念 4. 室内装修常用色彩搭配原则 ● 说出室内装修常用色彩搭配原则	10
	2. 涂料调色和仿色 ● 能根据调色的基本方法进行简单调色 ● 能对给定的色漆样板进行仿色	5. 涂料调色的基本原理和基本方法 ● 说出涂料调色的基本原理 ● 简述涂料调色和仿色的基本方法 6. 涂料调色的安全防护措施 ● 简述涂料调色的安全防护措施	
4. 建筑涂料生产与管理	1. 建筑涂料生产 ● 能根据涂料生产要求选择涂料生产工艺 ● 能检测涂料的原漆性能 ● 能检测涂料的施工性能 ● 能按照规范操作完成涂料生产 ● 能使用树脂合成设备进行涂料合成 ● 能使用涂料分散和混合设备进行涂料搅拌 ● 能使用涂料研磨和调漆设备进行涂料研磨	1. 涂料生产工艺流程 ● 概述涂料生产工艺流程 2. 涂料原漆性能和施工性能的检测方法 ● 概述涂料原漆性能的检测方法 ● 概述涂料施工性能的检测方法 3. 涂料生产设备的名称、功能和操作方法 ● 列举涂料生产设备的名称和功能 ● 简述涂料生产设备的操作方法 4. 涂料生产过程中的工艺技术 ● 说出树脂合成设备中的原料组成 ● 解释涂料分散和混合设备以及涂料研磨和调漆设备的机理 5. 企业5S管理的主要内容 ● 简述企业5S管理的主要内容	8
	2. 涂料生产设备管理 ● 能根据企业管理要求进行涂料生产设备的日常管理 ● 能解决涂料生产设备的一般故障	6. 涂料生产设备的管理要求和故障解决方法 ● 简述涂料生产设备的管理要求 ● 简述涂料生产设备的故障解决方法	

（续表）

学习任务	技能与学习要求	知识与学习要求	参考学时
5. 建筑涂料质量检验	1. 涂料试样采集 ● 能正确使用涂料采样器采集涂料试样 ● 能正确填写采样记录表 ● 能正确进行涂料留样	1. 涂料试样的采集方法 ● 说出涂料采样器的种类 ● 简述涂料试样的采集方法 2. 涂料的留样方法 ● 简述涂料的留样方法 ● 说出涂料的留样量	32
	2. 涂料试板制备 ● 能进行涂料试板预处理 ● 能正确选用合适的线棒涂布器 ● 能使用线棒涂布器制备涂料试板	3. 涂料试板的制备方法 ● 说出各种涂料试板的尺寸规格和涂布方法 ● 说出线棒涂布器的操作方法	
	3. 涂料粘度测定 ● 能正确使用斯托默粘度计测定涂料粘度 ● 能正确处理检测数据，并填写检测报告	4. 涂料粘度的定义、测定方法和适用条件 ● 说出涂料粘度的定义 ● 简述涂料粘度的测定方法和适用条件 5. 斯托默粘度计的工作原理、使用方法和测定步骤 ● 说出斯托默粘度计的工作原理和使用方法 ● 说出使用斯托默粘度计检测涂料粘度的具体步骤，并进行正确读数	
	4. 涂料细度测定 ● 能正确使用刮板细度计测定涂料细度 ● 能正确处理检测数据，并填写检测报告	6. 涂料细度的定义 ● 说出涂料细度的定义 7. 刮板细度计的使用方法和注意事项 ● 简述刮板细度计的使用方法 ● 说明刮板细度计的注意事项 8. 涂料细度的检测方法和判定方法 ● 简述涂料细度的检测方法 ● 说出涂料细度的判定方法	
	5. 涂料对比率测定 ● 能正确使用对比率检测仪测定涂料对比率 ● 能正确处理检测数据，并填写检测报告	9. 涂料对比率的定义 ● 说出涂料对比率的定义 10. 涂料对比率的测定步骤 ● 简述涂料对比率的测定步骤	

（续表）

学习任务	技能与学习要求	知识与学习要求	参考学时
5. 建筑涂料质量检验	6. 涂料耐洗刷性测定 ● 能正确使用涂料耐洗刷试验机评定涂料耐洗刷性的等级 ● 能正确处理检测数据，并填写检测报告	11. 涂料耐洗刷性的定义 ● 说出涂料耐洗刷性的定义 12. 涂料耐洗刷试验机的使用方法 ● 简述涂料耐洗刷试验机的使用方法 13. 涂料耐洗刷性的检测方法和等级评定方法 ● 简述涂料耐洗刷性的检测方法 ● 说出涂料耐洗刷性的等级评定方法	
	7. 涂料密度测定 ● 能正确使用涂料比重杯测定涂料密度 ● 能正确处理检测数据，并填写检测报告	14. 涂料密度的定义 ● 理解涂料密度的定义 15. 涂料密度的测定方法和适用范围 ● 简述涂料密度的测定方法和适用范围 16. 涂料比重杯的工作原理和注意事项 ● 说出涂料比重杯的工作原理 ● 简述涂料比重杯的注意事项 17. 涂料密度的测定步骤 ● 说出涂料密度的测定步骤	
	8. 涂料质量检测报告填写 ● 能正确评定涂料质量是否合格 ● 能正确填写涂料质量检测报告	18. 涂料质量评定方法 ● 说出涂料质量评定方法 19. 涂料质量检测报告的主要内容 ● 说出涂料质量检测报告的主要内容	
	9. 涂料检测仪器维护保养 ● 能按照规范维护保养涂料检测仪器	20. 涂料检测仪器的维护保养方法 ● 说出涂料检测仪器的维护保养方法	
	总学时		72

五、实施建议

（一）教材编写与选用建议

1. 应依据本课程标准编写教材或选用教材，从国家和市级教育行政部门发布的教材目录中选用教材，优先选用国家和市级规划教材。

2. 教材要充分体现育人功能，紧密结合教材内容、素材，有机融入课程思政要求，将课程思政内容与专业知识、技能有机统一。

3. 教材编写应转变以教师为中心的传统教材观，以学生的"学"为中心，遵循中职学生的学习特点与规律,以学生的思维方式设计教材结构和组织教材内容。

4. 教材编写应以职业能力为逻辑线索,按照职业能力培养由易到难、由简单到复杂、由单一到综合的规律,确定教材各部分的目标、内容,并进行相应的任务、活动设计等,从而构建结构清晰、层次分明的教材内容体系。

5. 教材在进行整体设计和内容选取时,要注重引入行业发展的新业态、新知识、新技术、新工艺、新方法,对接相应的职业标准和岗位要求,贴近工作实际,体现先进性和实用性,创设或引入职业情境,增强教材的职场感。

6. 教材应以学生为本,增强对学生的吸引力,贴近岗位技能与知识的要求,符合学生的认知,采用生动活泼的、学生乐于接受的语言、图表等呈现内容,让学生在使用教材时有亲切感、真实感。

7. 教材应注重实践内容的可操作性,强调在操作中理解与应用理论。

(二) 教学实施建议

1. 切实推进课程思政在教学中的有效实施,寓价值观引导于知识传授和能力培养中,帮助学生塑造正确的世界观、人生观、价值观。深入梳理教学内容,结合课程特点,充分挖掘课程内容中的思政元素,把思政教学与专业知识、技能教学融为一体,达到润物无声的育人效果。

2. 充分体现职业教育"实践导向、任务引领、理实一体、做学合一"的课改理念,紧密联系新型建筑材料生产技术行业的实际应用,以岗位的典型工作任务为载体,加强理论教学与实践教学的结合,充分利用各种实训场所与设备,以学生为教学主体,以能力为本位,以职业活动为导向,以专业技能为核心,使学生在做中学、学中做,引导学生进行实践和探索,注重培养学生的实际操作能力、分析问题和解决问题的能力。

3. 牢固树立以学生为中心的教学理念,充分尊重学生。教师应成为学生学习的组织者、指导者和同伴,遵循学生的认知特点和学习规律,围绕学生的"学"设计教学活动。

4. 改变传统的灌输式教学,充分调动学生学习的积极性、能动性,采取灵活多样的教学方式,积极探索自主学习、合作学习、探究式学习、问题导向式学习、体验式学习、混合式学习等体现教学新理念的教学方式。

5. 依托多元的现代信息技术手段,将其有效运用于教学,改进教学方法与手段,提升教学效果。

6. 注重技能训练及重点环节的教学设计,每次活动都力求使学生上一个新台阶,技能训练既有连续性又有层次性。

7. 注重培养学生良好的操作习惯,把法治意识、规范意识、安全意识、质量意识、服务意识、职业道德和敬业精神融入教学活动中,促进学生综合职业素养的养成。

(三)教学评价建议

1. 以课程标准为依据,开展基于课程标准的教学评价。

2. 以评促教、以评促学,通过课堂教学及时评价,不断改进教学手段。

3. 教学评价始终坚持德技并重的原则,构建德技融合的专业课教学评价体系,把思政和职业素养的评价内容与要求细化为具体的评价指标,有机融入专业知识与技能的评价指标体系中,形成可观察可测量的评价量表,综合评价学生学习情况。通过有效评价,在日常教学中不断促进学生良好的思想品德和职业素养的形成。

4. 注重日常教学中对学生学习的评价,充分利用多种过程性评价工具,如评价表、记录袋等,积累过程性评价数据,形成过程性评价与终结性评价相结合的评价模式。

5. 在日常教学中开展对学生学习的评价时,充分利用信息化手段,借助各类较成熟的教育评价平台,探索线上与线下相结合的评价模式,提高评价的科学性、专业性和客观性。

(四)资源利用建议

1. 注重实训指导手册、课堂配套练习册、实训教材的开发和应用。

2. 注重数字教材、多媒体教学课件和仿真软件等现代化教学资源的开发和利用,努力实现优质教学资源共享,以提高课程资源利用率。

3. 积极开发和利用网络课程资源,充分利用电子书籍、电子期刊、数字图书馆、教育网站和电子论坛等网络资源,以提高教学效率。

4. 充分利用学校的实训设施设备,使教学与实训合二为一,满足学生综合职业能力培养的要求。

材料信息化管理课程标准

▌课程名称

材料信息化管理

▌适用专业

中等职业学校新型建筑材料生产技术专业

一、 课程性质

本课程是中等职业学校新型建筑材料生产技术专业的一门专业核心课程,也是该专业的一门必修课程。其功能是使学生掌握材料产品建档以及材料出入库、材料库存、材料保管和不合格品信息化管理等基础知识和基本技能,具备从事材料信息化管理工作岗位所需的职业能力。本课程为学生后续学习其他专业课程奠定基础。

二、 设计思路

本课程遵循任务引领、做学合一原则,根据新型建筑材料生产技术专业职业岗位的工作任务与职业能力分析结果,以新型建筑材料信息化管理工作领域的相关工作任务与职业能力为依据而设置。

课程内容紧紧围绕新型建筑材料信息化管理能力培养的需要,选取了新型建筑材料生产过程中关于材料产品建档以及材料出入库、材料库存、材料保管和不合格品信息化管理等内容,遵循适度够用的原则,确定相关理论知识、专业技能与要求。

课程内容组织按照职业能力发展规律和学生认知规律,以新型建筑材料信息化管理的典型工作任务为逻辑主线,包括材料产品建档、材料出入库信息化管理、材料库存信息化管理、材料保管信息化管理、不合格品信息化管理 5 个学习任务。以任务为引领,通过任务整合相关知识、技能与职业素养,充分体现任务引领型课程的特点。

本课程建议学时数为 72 学时。

三、 课程目标

通过本课程的学习,学生能具备材料信息化管理的基础知识,掌握材料产品建档以及材料出入库、材料库存、材料保管和不合格品信息化管理的基本技能,具体达成以下职业素养和职业能力目标。

(一)职业素养目标

- 具有良好的职业道德,自觉遵守法律法规和企业规章制度。
- 具有爱岗敬业、认真负责、严谨细致、专注执着、一丝不苟的职业态度。
- 具有登记快、数据准、情况明、资料全的岗位意识。
- 具有按时供料、及时退料的时间价值观念。
- 具有实事求是、廉洁自律、原则性强、不篡改数据的职业操守。
- 具备良好的计划执行能力、问题解决能力和细节关注能力。
- 具有良好的成本控制意识。
- 保持对材料存放场所的高度安全意识。

(二)职业能力目标

- 能运用电子信息化管理系统或常用软件进行材料产品建档。
- 能运用电子信息化管理系统或常用软件进行材料出入库信息化管理。
- 能运用电子信息化管理系统或常用软件进行材料库存信息化管理。
- 能运用电子信息化管理系统或常用软件进行材料保管信息化管理。
- 能运用电子信息化管理系统或常用软件对不合格品进行数据记录、统计汇总,并分析产品的不合格率。

四、课程内容与要求

学习任务	技能与学习要求	知识与学习要求	参考学时
1. 材料产品建档	1. 常用材料产品的数字化标识识别 ● 能正确识别各种材料产品的数字化标识	1. 常用数字化标识的形式和内容 ● 列举常用数字化标识的形式 ● 说出常用数字化标识的内容	16
	2. 材料产品质量判别 ● 能根据材料产品质量状态标识识别待检品、合格品或不合格品	2. 质量状态标识的识别方法 ● 说出质量状态标识的识别方法	
	3. 材料产品建档 ● 能根据材料产品的数字化标识和质量判断结果,运用电子信息化管理系统或常用软件完成材料产品建档	3. 材料产品基础数据的信息要素 ● 说出材料产品基础数据的信息要素 4. 材料产品基础数据的建档方法 ● 简述电子信息化管理系统或常用软件中材料产品基础数据的建档方法	

(续表)

学习任务	技能与学习要求	知识与学习要求	参考学时
2. 材料出入库信息化管理	1. 材料信息查询 ● 能在电子信息化管理系统或基础数据表中查询材料信息	1. 材料信息的查询方法 ● 说出电子信息化管理系统中材料信息的查询方法 ● 说出基础数据表中材料信息的查询方法	18
	2. 材料验收 ● 能正确核对材料进货单以及实际材料的规格和数量,并对材料的技术资料进行验证 ● 能对材料进行准确分类,并对材料的性能进行检验 ● 能对即将入库的材料进行严格计量	2. 材料进场的准备工作 ● 说出材料进场的准备工作 ● 简述材料入库的相关凭证 3. 材料的计量方式 ● 举例说明不同材料的计量方式 4. 材料验收工作的主要内容 ● 简述材料进场时需要核对的技术资料的类别 ● 说出各种材料的数量和质量验收方法	
	3. 材料入库信息化管理 ● 能根据材料进货单和验收结果,运用电子信息化管理系统完成材料入库信息记录,或运用常用软件建立材料入库台账	5. 材料入库的信息化管理流程和信息要素 ● 简述材料入库的信息化管理流程 ● 简述材料入库的信息要素	
	4. 材料出库信息化管理 ● 能根据生产部门领料单和实际出库情况,运用电子信息化管理系统完成材料出库信息记录,或运用常用软件建立材料出库台账	6. 材料出库及其信息化管理流程 ● 简述现场材料领料单的主要内容 ● 说出现场材料出库的主要流程 ● 简述材料出库的信息化管理流程 7. 材料出库的信息要素 ● 简述材料出库的信息要素 8. 材料出库异常情况的处理方法 ● 简述材料出库异常情况的处理方法 ● 简述如何在电子信息化管理系统中对材料出库异常情况进行数据处理	
3. 材料库存信息化管理	1. 材料库存情况信息化管理 ● 能运用电子信息化管理系统或常用软件进行材料库存查询 ● 能运用电子信息化管理系统或常用软件进行材料库存数据更新	1. 库存量的概念 ● 了解库存量的概念 ● 说出最大库存量和最小库存量的概念 2. 材料库存的信息化管理方法 ● 简述运用电子信息化管理系统或常用软件查询和更新材料库存的方法	14

（续表）

学习任务	技能与学习要求	知识与学习要求	参考学时
3. 材料库存信息化管理	2. 材料供应计划编制 ● 能查阅工程项目进度表 ● 能根据材料库存情况和工程项目材料用量计划表，运用电子信息化管理系统或常用软件编制材料供应计划	3. 现场施工情况 ● 描述工程项目材料用量计划表的内容 ● 记住发包与承包、总包与分包材料采购合同的内容 4. 材料供应计划的编制要素和编制方法 ● 说出材料供应计划的编制要素 ● 说出材料供应计划的编制方法 5. 材料供应计划的信息化编制方法 ● 简述运用电子信息化管理系统或常用软件编制材料供应计划的方法	
4. 材料保管信息化管理	1. 材料规范保管 ● 能根据材料的技术要求和保管要求进行材料保管 2. 材料定时检查 ● 能定时检查材料是否符合保管要求	1. 材料技术要求的主要内容 ● 简述材料技术要求的主要内容 2. 材料保管要求的主要内容 ● 简述材料保管要求的主要内容 ● 说出余料的处理方法 3. 材料保管区域的划分标准 ● 记住各种材料的保管区域	12
	3. 材料保管情况信息化管理 ● 能运用电子信息化管理系统或常用软件对材料的种类和检查结果进行记录，并定时更新	4. 材料保管的信息化管理方法 ● 简述运用电子信息化管理系统或常用软件记录和更新材料保管相关数据的方法	
5. 不合格品信息化管理	1. 不合格品处理 ● 能目测出可辨识的不合格材料，并以安全、环保的方式对其进行处理 ● 能根据检测部门和质量部门给出的评审意见处理不合格品 2. 不合格品信息化管理 ● 能运用电子信息化管理系统或常用软件对不合格品的种类、数量、不合格原因、处理方法等进行记录，并定时更新	1. 不合格品的处理方法和信息化管理规定 ● 简述不合格品的处理方法 ● 简述不合格品的信息化管理规定	12

（续表）

学习任务	技能与学习要求	知识与学习要求	参考学时
5. 不合格品信息化管理	3. 产品不合格率统计汇总 ● 能运用电子信息化管理系统或常用软件对不合格品的数据进行统计汇总 ● 能运用电子信息化管理系统或常用软件对产品的不合格率进行计算	2. 不合格品的统计汇总方法 ● 说出电子信息化管理系统或常用软件中不合格品的统计汇总方法 3. 产品不合格率的计算方法 ● 说出产品不合格率的计算方法 ● 说出运用电子信息化管理系统或常用软件计算产品不合格率的方法	
总学时			72

五、 实施建议

（一）教材编写与选用建议

1. 应依据本课程标准编写教材或选用教材，从国家和市级教育行政部门发布的教材目录中选用教材，优先选用国家和市级规划教材。

2. 教材要充分体现育人功能，紧密结合教材内容、素材，有机融入课程思政要求，将课程思政内容与专业知识、技能有机统一。

3. 教材编写应转变以教师为中心的传统教材观，以学生的"学"为中心，遵循中职学生的学习特点与规律，以学生的思维方式设计教材结构和组织教材内容。

4. 教材编写应以职业能力为逻辑线索，按照职业能力培养由易到难、由简单到复杂、由单一到综合的规律，确定教材各部分的目标、内容，并进行相应的任务、活动设计等，从而构建结构清晰、层次分明的教材内容体系。

5. 教材在进行整体设计和内容选取时，要注重引入行业发展的新业态、新知识、新技术、新工艺、新方法，对接相应的职业标准和岗位要求，贴近工作实际，体现先进性和实用性，创设或引入职业情境，增强教材的职场感。

6. 教材应以学生为本，增强对学生的吸引力，贴近岗位技能与知识的要求，符合学生的认知，采用生动活泼的、学生乐于接受的语言、图表等呈现内容，让学生在使用教材时有亲切感、真实感。

7. 教材应注重实践内容的可操作性，强调在操作中理解与应用理论。

（二）教学实施建议

1. 切实推进课程思政在教学中的有效实施，寓价值观引导于知识传授和能力培养中，帮助学生塑造正确的世界观、人生观、价值观。深入梳理教学内容，结合课程特点，充分挖掘课程内容中的思政元素,把思政教学与专业知识、技能教学融为一体,达到润物无声的育人效果。

2. 充分体现职业教育"实践导向、任务引领、理实一体、做学合一"的课改理念,紧密联系新型建筑材料生产技术行业的实际应用,以岗位的典型工作任务为载体,加强理论教学与实践教学的结合,充分利用各种实训场所与设备,以学生为教学主体,以能力为本位,以职业活动为导向,以专业技能为核心,使学生在做中学、学中做,引导学生进行实践和探索,注重培养学生的实际操作能力、分析问题和解决问题的能力。

3. 牢固树立以学生为中心的教学理念,充分尊重学生。教师应成为学生学习的组织者、指导者和同伴,遵循学生的认知特点和学习规律,围绕学生的"学"设计教学活动。

4. 改变传统的灌输式教学,充分调动学生学习的积极性、能动性,采取灵活多样的教学方式,积极探索自主学习、合作学习、探究式学习、问题导向式学习、体验式学习、混合式学习等体现教学新理念的教学方式。

5. 依托多元的现代信息技术手段,将其有效运用于教学,改进教学方法与手段,提升教学效果。

6. 注重技能训练及重点环节的教学设计,每次活动都力求使学生上一个新台阶,技能训练既有连续性又有层次性。

7. 注重培养学生良好的操作习惯,把法治意识、规范意识、安全意识、质量意识、服务意识、职业道德和敬业精神融入教学活动中,促进学生综合职业素养的养成。

(三)教学评价建议

1. 以课程标准为依据,开展基于课程标准的教学评价。

2. 以评促教、以评促学,通过课堂教学及时评价,不断改进教学手段。

3. 教学评价始终坚持德技并重的原则,构建德技融合的专业课教学评价体系,把思政和职业素养的评价内容与要求细化为具体的评价指标,有机融入专业知识与技能的评价指标体系中,形成可观察可测量的评价量表,综合评价学生学习情况。通过有效评价,在日常教学中不断促进学生良好的思想品德和职业素养的形成。

4. 注重日常教学中对学生学习的评价,充分利用多种过程性评价工具,如评价表、记录袋等,积累过程性评价数据,形成过程性评价与终结性评价相结合的评价模式。

5. 在日常教学中开展对学生学习的评价时,充分利用信息化手段,借助各类较成熟的教育评价平台,探索线上与线下相结合的评价模式,提高评价的科学性、专业性和客观性。

(四)资源利用建议

1. 注重实训指导手册、课堂配套练习册、实训教材的开发和应用。

2. 充分开发和利用常用课程资源。利用活页式教材、图片、录像、视听光盘、多媒体软件等,创设生动形象的工作情境,激发学生的学习兴趣,促进学生对专业知识的理解和掌握。建议加强常用课程资源的开发,建立多媒体课程资源数据库,努力实现中职学校之间的课程资源共享。

3. 充分利用新型建筑材料生产技术专业精品课程资源,如教学录像、课件、教学案例、教学评价等,使课程内容更丰富。

4. 积极开发和利用网络课程资源,充分利用电子书籍、电子期刊、数字图书馆、教育网站和电子论坛等网络资源,使教学从单一媒体向多媒体转变,使教学活动从信息的单向传递向多向传递转变,使学生从单独学习向合作学习转变。

5. 充分利用校企合作资源,与本行业的优质企业建立密切关系,积极建设实习实训基地,满足学生的实习实训需求,并在此过程中进行课程资源开发。

6. 充分利用建筑与工程材料开放实训中心的资源优势,加强实践教学管理,实现理实一体化教学。

7. 充分利用技能鉴定站的相关资源,使教学与实训合二为一,满足学生综合职业能力培养的要求。

新型保温节能材料生产与检测课程标准

▎课程名称

新型保温节能材料生产与检测

▎适用专业

中等职业学校新型建筑材料生产技术专业

一、 课程性质

本课程是中等职业学校新型建筑材料生产技术专业的一门专业核心课程,也是该专业的一门必修课程。其功能是使学生掌握新型保温节能材料生产与检测的基础知识和基本技能,具备从事新型保温节能材料生产与检测工作岗位所需的职业能力。本课程为学生后续学习其他专业课程奠定基础。

二、 设计思路

本课程遵循任务引领、理实一体的原则,根据新型建筑材料生产技术专业职业岗位的工作任务与职业能力分析结果,以新型保温节能材料生产与检测工作领域的相关工作任务与职业能力为依据而设置。

课程内容紧紧围绕新型保温节能材料生产与检测能力培养的需要,选取了建筑保温材料生产与管理、建筑保温材料质量检测、建筑节能玻璃质量检测、建筑门窗性能检测等内容,遵循适度够用的原则,确定相关理论知识、专业技能与要求,并融入安全环保生产要求。

课程内容组织按照职业能力发展规律和学生认知规律,以新型保温节能材料生产与检测的典型工作任务为逻辑主线,包括建筑保温材料生产与管理、建筑保温材料质量检测、建筑节能玻璃质量检测、建筑门窗性能检测4个学习任务。以任务为引领,通过任务整合相关知识、技能与职业素养,充分体现任务引领型课程的特点。

本课程建议学时数为72课时。

三、 课程目标

通过本课程的学习,学生能掌握新型保温节能材料生产与检测的基础知识和基本技能,并能检测和评定新型保温节能材料的质量,具体达成以下职业素养和职业能力目标。

(一) 职业素养目标

- 具有良好的职业道德,自觉遵守法律法规和企业规章制度。
- 具有爱岗敬业、认真负责、严谨细致、专注执着、一丝不苟的职业态度。
- 具有安全生产文明、节能环保和严格遵守安全操作规程的职业意识。
- 具有诚实守信的职业品质和较强的责任心。
- 具有良好的团队合作意识和协作能力。

(二) 职业能力目标

- 能查阅建筑保温节能材料的国家标准。
- 能按照规范操作生产设备,进行建筑保温节能材料生产与管理。
- 能检测和评价建筑保温材料质量。
- 能检测和评价建筑节能玻璃质量。
- 能检测和评价建筑门窗节能性能。

四、 课程内容与要求

学习任务	技能与学习要求	知识与学习要求	参考学时
1. 建筑保温材料生产与管理	1. 建筑热工设计分区确定 ● 能根据地区温度情况确定建筑热工设计分区	1. 建筑热工设计分区的类型 ● 说出建筑热工设计分区的主要指标和辅助指标 ● 说出建筑热工设计分区保温防热的要求	18
	2. 材料保温性能判断 ● 能根据导热系数等指标初步判断材料的保温性能	2. 热传递的基本方式 ● 简述热传导的含义 ● 简述热对流的含义 ● 简述热辐射的含义 3. 导热系数与材料保温性能的关系 ● 简述导热系数与材料保温性能的关系 4. 建筑保温和建筑保温材料的含义 ● 说出建筑保温的含义 ● 说出建筑保温材料的含义 5. 建筑节能的原理和途径 ● 说出建筑节能的原理 ● 说出建筑节能的途径	

(续表)

学习任务	技能与学习要求	知识与学习要求	参考学时
1. 建筑保温材料生产与管理	3. 建筑墙体保温材料分辨 ● 能查阅建筑保温材料的国家标准 ● 能正确分辨建筑墙体保温材料的种类	6. 建筑保温材料的国家标准 ● 说出建筑保温材料相关国家标准的主要内容 7. 建筑墙体保温材料的类型和特点 ● 说出有机保温材料的类型和特点 ● 说出无机保温材料的类型和特点 8. 建筑墙体保温材料的分辨方法 ● 概述建筑墙体保温材料的分辨方法	
	4. 建筑保温材料生产与管理 ● 能根据生产计划、安全和环保生产要求合理安排生产进度 ● 能根据生产需求合理调整生产计划 ● 能根据生产质量管理要求进行生产过程控制	9. 保温材料的生产要求 ● 说出保温材料的生产条件 ● 列举安全和环保生产的相关要求 10. 建筑保温材料生产质量管理要求 ● 列举建筑保温材料生产质量管理要求	
	5. 建筑保温材料的生产设备操作 ● 能根据不同产品的参数要求设置生产设备参数 ● 能按照规范操作生产设备 ● 能按照规范操作生产中控系统	11. 建筑保温材料的生产工艺 ● 概述建筑保温材料的工艺流程 ● 列举建筑保温材料生产工艺的相关要求 12. 生产设备参数的含义和设置要求 ● 理解生产设备参数的含义 ● 概述生产设备参数的设置要求 ● 说出生产设备参数设置的注意事项 13. 生产设备的操作规范 ● 说出生产设备的操作要求 ● 说出生产设备的操作方法 ● 说出生产设备操作的注意事项 14. 生产中控系统的操作方法 ● 说出生产中控系统的操作方法 15. 保温材料生产的注意事项 ● 说出保温材料生产的注意事项	
	6. 生产设备参数异常调整 ● 能识别生产设备参数异常 ● 能对参数异常的生产设备进行调整	16. 生产设备参数异常的原因和解决方法 ● 说出生产设备参数异常的原因 ● 说出生产设备参数异常的解决方法	

（续表）

学习任务	技能与学习要求	知识与学习要求	参考学时
1. 建筑保温材料生产与管理	7. 生产设备故障排除 ● 能通过查阅设备说明书排除基本故障 ● 能通过联系设备供应商进行技术指导，以排除故障	17. 生产设备故障排除的基本方法 ● 说出生产设备故障排除的基本方法 18. 生产设备故障对生产的影响 ● 概述生产设备故障对生产的影响 19. 生产设备故障排除的注意事项 ● 说出生产设备故障排除的注意事项	
	8. 不合格品处理 ● 能正确判断产品的质量 ● 能按照规范流程对不合格品进行处理	20. 保温材料的质量要求 ● 举例说明保温材料的质量要求 21. 不合格品的处理方法 ● 说出不合格品的处理方法	
2. 建筑保温材料质量检测	1. 建筑保温材料取样和试样制备 ● 能正确操作建筑保温材料制备设备 ● 能按照要求制备建筑保温材料试样	1. 建筑保温材料的国家标准 ● 说出建筑保温材料的国家标准 2. 建筑保温材料试样的制备方法 ● 说出建筑保温材料试样的制备方法 ● 说出建筑保温材料试样制备设备的操作步骤 ● 说出建筑保温材料试样制备的注意事项	18
	2. 建筑保温材料密度检测 ● 能正确检测建筑保温材料密度 ● 能根据检测数据正确计算密度	3. 建筑保温材料密度的含义和范围 ● 概述建筑保温材料密度的含义 ● 说出建筑保温材料密度的范围 4. 建筑保温材料密度的检测方法 ● 说出建筑保温材料密度的检测方法 ● 说出建筑保温材料密度的计算公式 ● 说出建筑保温材料密度检测的注意事项	
	3. 建筑保温材料拉伸强度检测 ● 能在万能试验机上正确安装特殊拉伸夹具 ● 能正确检测建筑保温材料拉伸强度	5. 建筑保温材料拉伸强度的含义和范围 ● 概述建筑保温材料拉伸强度的含义 ● 说出建筑保温材料拉伸强度的范围 6. 建筑保温材料拉伸强度的检测方法 ● 说出特殊拉伸夹具的安装方法 ● 说出建筑保温材料拉伸强度的检测方法	

学习任务	技能与学习要求	知识与学习要求	参考学时
2. 建筑保温材料质量检测	4. 建筑保温材料导热系数检测 ● 能正确检测墙体保温材料导热系数 ● 能正确检测幕墙保温材料导热系数 ● 能正确检测屋面保温隔热材料导热系数	7. 建筑保温材料导热系数的含义和范围 ● 概述建筑保温材料导热系数的含义 ● 说出建筑保温材料导热系数的范围 8. 建筑保温材料导热系数的检测方法 ● 说出建筑保温材料导热系数检测的取样要求 ● 说出建筑保温材料导热系数的检测方法	
	5. 建筑保温材料粘结强度检测 ● 能正确使用燃烧试验箱检测建筑保温材料粘结强度	9. 建筑保温材料粘结强度的含义和范围 ● 概述建筑保温材料粘结强度的含义 ● 说出建筑保温材料粘结强度的范围 10. 建筑保温材料粘结强度的检测方法 ● 说出燃烧试验箱的工作原理 ● 列举燃烧试验箱的安全操作规程 ● 说出建筑保温材料粘结强度的检测方法	
	6. 建筑保温材料质量判定 ● 能准确判定建筑保温材料检测指标是否合格 ● 能正确填写建筑保温材料质量检测报告 ● 能正确评价建筑保温材料质量	11. 建筑保温材料的质量要求 ● 说出建筑保温材料的质量要求 12. 建筑保温材料质量检测报告的主要内容和评定方法 ● 简述建筑保温材料质量检测报告的主要内容 ● 概述建筑保温材料质量评定方法	
	7. 建筑保温材料检测仪器设备维护保养 ● 能按照规范维护保养建筑保温材料检测仪器设备,并使其处于安全状态 ● 能规范操作建筑保温材料检测仪器设备,并排除故障	13. 建筑保温材料检测仪器设备的维护保养规范 ● 说出建筑保温材料检测仪器设备处于安全状态的条件 ● 列举建筑保温材料检测仪器设备处于不安全状态的情况 ● 说出建筑保温材料检测仪器设备的维护保养规范	
3. 建筑节能玻璃质量检测	1. 建筑节能玻璃识别 ● 能根据玻璃的外观特点辨别各类建筑节能玻璃 ● 能根据产品说明和使用场景辨别新型节能玻璃	1. 建筑节能玻璃的分类和性能 ● 说出建筑节能玻璃的分类和性能 ● 说出中空玻璃、低辐射玻璃的特点 2. 低辐射镀膜玻璃的节能原理 ● 说出低辐射镀膜玻璃的节能原理	18

学习任务	技能与学习要求	知识与学习要求	参考学时
3. 建筑节能玻璃质量检测		3. 建筑节能玻璃的外观特点 ● 说出建筑节能玻璃的外观特点 4. 常见新型节能玻璃的特点和使用场景 ● 说出低辐射玻璃、智能玻璃、生物玻璃等新型节能玻璃的特点和使用场景 5. 建筑节能玻璃的国家标准、检测规范和环保要求 ● 说出建筑节能玻璃的国家标准 ● 说出建筑节能玻璃的检测规范 ● 说出建筑节能玻璃的环保要求	
	2. 低辐射镀膜玻璃外观质量检测 ● 能对低辐射镀膜玻璃进行外观质量检测 ● 能正确评定低辐射镀膜玻璃外观质量	6. 低辐射镀膜玻璃外观质量的检测内容和评定方法 ● 列举低辐射镀膜玻璃外观质量的检测内容 ● 说出低辐射镀膜玻璃外观质量的评定方法	
	3. 低辐射镀膜玻璃光学性能检测 ● 能正确使用分光光度计检测低辐射镀膜玻璃光学性能 ● 能正确记录低辐射镀膜玻璃光学性能的检测数据	7. 低辐射镀膜玻璃的光学性能参数及其含义 ● 列举低辐射镀膜玻璃的光学性能参数 ● 说出紫外线透射比的含义 ● 说出可见光透射比的含义 ● 说出可见光反射比的含义 ● 说出太阳光直接透射比的含义 ● 说出太阳光直接反射比的含义 ● 说出太阳能总透射比的含义 8. 低辐射镀膜玻璃光学性能的检测方法 ● 说出远红外分光光度计的使用方法和注意事项 ● 概述低辐射镀膜玻璃光学性能的检测方法	
	4. 低辐射镀膜玻璃颜色均匀性检测 ● 能正确使用台式测色仪检测低辐射镀膜玻璃颜色均匀性 ● 能正确评定低辐射镀膜玻璃颜色均匀性	9. 低辐射镀膜玻璃颜色均匀性的含义 ● 说出低辐射镀膜玻璃颜色均匀性的含义 10. 低辐射镀膜玻璃颜色均匀性的检测方法 ● 说出台式测色仪的使用方法和注意事项 ● 概述低辐射镀膜玻璃颜色均匀性的检测方法	

学习任务	技能与学习要求	知识与学习要求	参考学时
3. 建筑节能玻璃质量检测	5. 低辐射镀膜玻璃辐射率检测 ● 能正确检测低辐射镀膜玻璃辐射率	11. 低辐射镀膜玻璃辐射率的含义 ● 说出低辐射镀膜玻璃辐射率的含义 12. 低辐射镀膜玻璃辐射率的检测方法 ● 概述低辐射镀膜玻璃辐射率的检测方法	
	6. 低辐射镀膜玻璃质量判定 ● 能正确判定低辐射镀膜玻璃的质量等级 ● 能正确填写低辐射镀膜玻璃质量检测报告	13. 低辐射镀膜玻璃质量等级的评定方法 ● 说出低辐射镀膜玻璃质量等级的评定方法 14. 低辐射镀膜玻璃质量检测报告的主要内容 ● 简述低辐射镀膜玻璃质量检测报告的主要内容	
	7. 建筑节能玻璃检测仪器设备维护保养 ● 能按照规范维护保养建筑节能玻璃检测仪器设备	15. 建筑节能玻璃检测仪器设备的维护保养规范 ● 说出建筑节能玻璃检测仪器设备的维护保养规范	
4. 建筑门窗性能检测	1. 建筑门窗识别 ● 能正确识别塑钢门窗、铝合金门窗和铝塑钢门窗	1. 塑钢门窗的特点和适用范围 ● 说出塑钢门窗的特点 ● 说出塑钢门窗的适用范围 2. 铝合金门窗的特点和适用范围 ● 说出铝合金门窗的特点 ● 说出铝合金门窗的适用范围 3. 铝塑钢门窗的特点和适用范围 ● 说出铝塑钢门窗的特点 ● 说出铝塑钢门窗的适用范围 4. 建筑门窗的国家标准、检测规范和环保要求 ● 说出建筑门窗的国家标准 ● 说出建筑门窗的检测规范 ● 说出建筑门窗的环保要求	18
	2. 建筑外门窗气密性检测 ● 能正确安装门窗检测试件 ● 能正确使用门窗气密性检测仪检测门窗气密性 ● 能根据检测数据评定门窗气密性等级	5. 门窗检测试件的安装要求和安装步骤 ● 说出门窗检测试件的安装要求 ● 说出门窗检测试件的安装步骤 6. 建筑门窗检测设备的分类和特点 ● 说出调压检测设备的种类 ● 简述阀门调压的给压方式	

（续表）

学习任务	技能与学习要求	知识与学习要求	参考学时
4. 建筑门窗性能检测		● 简述变频调压的给压方式 7. 建筑外门窗气密性的检测方法 ● 概述门窗气密性检测的基本原理 ● 说出门窗气密性检测装置的基本组成 ● 说出门窗气密性检测的加压范围和加压顺序 ● 说出门窗气密性的检测方法和检测步骤 ● 复述门窗气密性检测数据处理和等级评定方法	
	3. 建筑外门窗水密性检测 ● 能根据具体情况选择合适的加压方式 ● 能规范完成门窗水密性检测 ● 能根据检测数据评定门窗水密性等级	8. 建筑外门窗水密性检测方法的适用条件 ● 说出稳定加压法的适用条件 ● 说出波动加压法的适用条件 9. 建筑外门窗水密性的检测步骤 ● 说出稳定加压法的检测步骤 ● 说出波动加压法的检测步骤 ● 复述门窗水密性等级评定方法	
	4. 建筑外门窗抗风压性检测 ● 能规范完成门窗抗风压性检测 ● 能规范处理门窗抗风压性检测数据 ● 能根据检测数据评定门窗抗风压性等级	10. 建筑外门窗抗风压性的检测方法 ● 概述门窗抗风压性的检测方法 11. 门窗抗风压性检测数据的计算方法 ● 理解门窗抗风压性检测数据的计算公式 ● 复述门窗抗风压性等级评定方法	
	5. 建筑门窗性能检测报告填写 ● 能正确填写建筑门窗性能检测报告	12. 建筑门窗性能检测报告的主要内容和评定方法 ● 简述建筑门窗性能检测报告的主要内容 ● 概述建筑门窗性能等级综合评定方法	
	6. 建筑门窗节能性能标识证书识读 ● 能根据建筑门窗节能性能标识证书和工程气候区选择建筑节能门窗	13. 建筑门窗节能性能标识证书的主要内容 ● 简述建筑门窗节能性能标识证书的主要内容	

（续表）

学习任务	技能与学习要求	知识与学习要求	参考学时
4. 建筑门窗性能检测	7. 建筑门窗检测仪器设备维护保养 ● 能按照规范维护保养建筑门窗检测仪器设备	14. 建筑门窗检测仪器设备的维护保养规范 ● 说出建筑门窗检测仪器设备的维护保养规范	
总学时			72

五、 实施建议

（一）教材编写与选用建议

1. 应依据本课程标准编写教材或选用教材,从国家和市级教育行政部门发布的教材目录中选用教材,优先选用国家和市级规划教材。

2. 教材要充分体现育人功能,紧密结合教材内容、素材,有机融入课程思政要求,将课程思政内容与专业知识、技能有机统一。

3. 教材编写应转变以教师为中心的传统教材观,以学生的"学"为中心,遵循中职学生的学习特点与规律,以学生的思维方式设计教材结构和组织教材内容。

4. 教材编写应以职业能力为逻辑线索,按照职业能力培养由易到难、由简单到复杂、由单一到综合的规律,确定教材各部分的目标、内容,并进行相应的任务、活动设计等,从而构建结构清晰、层次分明的教材内容体系。

5. 教材在进行整体设计和内容选取时,要注重引入行业发展的新业态、新知识、新技术、新工艺、新方法,对接相应的职业标准和岗位要求,贴近工作实际,体现先进性和实用性,创设或引入职业情境,增强教材的职场感。

6. 教材应以学生为本,增强对学生的吸引力,贴近岗位技能与知识的要求,符合学生的认知,采用生动活泼的、学生乐于接受的语言、图表等呈现内容,让学生在使用教材时有亲切感、真实感。

7. 教材应注重实践内容的可操作性,强调在操作中理解与应用理论。

（二）教学实施建议

1. 切实推进课程思政在教学中的有效实施,寓价值观引导于知识传授和能力培养中,帮助学生塑造正确的世界观、人生观、价值观。深入梳理教学内容,结合课程特点,充分挖掘课程内容中的思政元素,把思政教学与专业知识、技能教学融为一体,达到润物无声的育人效果。

2. 充分体现职业教育"实践导向、任务引领、理实一体、做学合一"的课改理念,紧密联系新型建筑材料生产技术行业的实际应用,以岗位的典型工作任务为载体,加强理论教学与实践教学的结合,充分利用各种实训场所与设备,以学生为教学主体,以能力为本位,以职业活动为导向,以专业技能为核心,使学生在做中学、学中做,引导学生进行实践和探索,注重培养学生的实际操作能力、分析问题和解决问题的能力。

3. 牢固树立以学生为中心的教学理念,充分尊重学生。教师应成为学生学习的组织者、指导者和同伴,遵循学生的认知特点和学习规律,围绕学生的"学"设计教学活动。

4. 改变传统的灌输式教学,充分调动学生学习的积极性、能动性,采取灵活多样的教学方式,积极探索自主学习、合作学习、探究式学习、问题导向式学习、体验式学习、混合式学习等体现教学新理念的教学方式。

5. 依托多元的现代信息技术手段,将其有效运用于教学,改进教学方法与手段,提升教学效果。

6. 注重技能训练及重点环节的教学设计,每次活动都力求使学生上一个新台阶,技能训练既有连续性又有层次性。

7. 注重培养学生良好的操作习惯,把法治意识、规范意识、安全意识、质量意识、服务意识、职业道德和敬业精神融入教学活动中,促进学生综合职业素养的养成。

(三)教学评价建议

1. 以课程标准为依据,开展基于课程标准的教学评价。

2. 以评促教、以评促学,通过课堂教学及时评价,不断改进教学手段。

3. 教学评价始终坚持德技并重的原则,构建德技融合的专业课教学评价体系,把思政和职业素养的评价内容与要求细化为具体的评价指标,有机融入专业知识与技能的评价指标体系中,形成可观察可测量的评价量表,综合评价学生学习情况。通过有效评价,在日常教学中不断促进学生良好的思想品德和职业素养的形成。

4. 注重日常教学中对学生学习的评价,充分利用多种过程性评价工具,如评价表、记录袋等,积累过程性评价数据,形成过程性评价与终结性评价相结合的评价模式。

5. 在日常教学中开展对学生学习的评价时,充分利用信息化手段,借助各类较成熟的教育评价平台,探索线上与线下相结合的评价模式,提高评价的科学性、专业性和客观性。

(四)资源利用建议

1. 注重实训指导手册、课堂配套练习册、实训教材的开发和应用。

2. 充分开发和利用常用课程资源。利用活页式教材、图片、录像、视听光盘、多媒体课件等,创设生动形象的工作情境,激发学生的学习兴趣,促进学生对专业知识的理解和掌握。

建议加强常用课程资源的开发,建立多媒体课程资源数据库,努力实现中职学校之间的课程资源共享。

3. 充分利用新型建筑材料生产技术专业精品课程资源,如教学录像、课件、教学案例、教学评价等,使课程内容更丰富。

4. 积极开发和利用网络课程资源,充分利用电子书籍、电子期刊、数字图书馆、教育网站和电子论坛等网络资源,使教学从单一媒体向多媒体转变,使教学活动从信息的单向传递向多向传递转变,使学生从单独学习向合作学习转变。

5. 充分利用校企合作资源,与本行业的优质企业建立密切关系,积极建设实习实训基地,满足学生的实习实训需求,并在此过程中进行课程资源开发。

6. 充分利用建筑与工程材料开放实训中心的资源优势,加强实践教学管理,实现理实一体化教学。

7. 充分利用技能鉴定站的相关资源,使教学与实训合二为一,满足学生综合职业能力培养的要求。

新型装饰装修材料检测课程标准

┃课程名称

新型装饰装修材料检测

┃适用专业

中等职业学校新型建筑材料生产技术专业

一、 课程性质

本课程是中等职业学校新型建筑材料生产技术专业的一门专业核心课程,也是该专业的一门必修课程。其功能是使学生具备建筑陶瓷、陶瓷砖、建筑石膏、建筑装饰木材等基础知识,掌握新型装饰装修材料质量检测的基本技能,具备从事新型装饰装修材料检测工作岗位所需的职业能力。本课程为学生后续学习其他专业课程奠定基础。

二、 设计思路

本课程遵循任务引领、做学合一的原则,根据新型建筑材料生产技术专业职业岗位的工作任务与职业能力分析结果,以新型装饰装修材料检测工作领域的相关工作任务与职业能力为依据而设置。

课程内容紧紧围绕新型装饰装修材料检测能力培养的需要,选取了多个类型的新型装饰装修材料以及相应的质量检测等内容,遵循适度够用的原则,确定相关理论知识、专业技能与要求。

课程内容组织按照职业能力发展规律和学生认知规律,以新型装饰装修材料检测的典型工作任务为逻辑主线,包括建筑陶瓷识别、陶瓷砖质量检测、建筑石膏识别、建筑石膏质量检测、建筑装饰木材识别、建筑装饰木材质量检测 6 个学习任务。以任务为引领,通过任务整合相关知识、技能与职业素养,充分体现任务引领型课程的特点。

本课程建议学时数为 72 学时。

三、 课程目标

通过本课程的学习,学生能具备新型装饰装修材料的基础知识,掌握新型装饰装修材料质量检测的基本技能,具体达成以下职业素养和职业能力目标。

(一)职业素养目标

● 具有良好的职业道德,自觉遵守法律法规和企业规章制度。

● 具有爱岗敬业、认真负责、严谨细致、专注执着、一丝不苟的职业态度。

● 具有安全文明生产、节能环保和严格遵守安全操作规程的职业意识。

● 具有实事求是、严格按照建筑行业国家标准进行职业活动的职业操守。

● 具有良好的团队合作意识和协作能力。

(二)职业能力目标

● 能熟知陶瓷砖和LC发泡陶瓷的性能和特点,并进行正确识别。

● 能按照国家标准对陶瓷砖进行质量检测。

● 能熟知建筑石膏的性能和特点,并进行正确识别。

● 能按照国家标准对建筑石膏进行质量检测。

● 能熟知建筑装饰木材的性能和特点,并进行正确识别。

● 能按照国家标准对建筑装饰木材进行质量检测。

● 能正确检测新型建筑材料的各项技术指标。

● 能按照国家标准,并使用合适的方法对各类新型建筑材料进行分析检测。

四、 课程内容与要求

学习任务	技能与学习要求	知识与学习要求	参考学时
1.建筑陶瓷识别	1.陶瓷砖识别 ● 能通过建筑材料的表观特征正确识别陶瓷砖的种类、规格和基本质量 ● 能正确识别无釉陶瓷砖和釉面陶瓷砖	1.建筑陶瓷的定义、种类和材料特性 ● 说出建筑陶瓷的定义和种类 ● 概述建筑陶瓷的材料特性 2.建筑陶瓷的原材料种类和工艺流程 ● 说出建筑陶瓷的原材料种类 ● 简述建筑陶瓷的工艺流程 3.陶瓷砖表观特征的识别方法 ● 说出陶瓷砖表观特征的识别方法 ● 说出无釉陶瓷砖和釉面陶瓷砖的识别方法	8
	2.陶瓷砖选用 ● 能根据装饰装修场所选择合适的陶瓷砖	4.无釉陶瓷砖的特点和性能 ● 说出无釉陶瓷砖的特点 ● 复述无釉陶瓷砖的性能 5.釉面陶瓷砖的特点和性能 ● 说出釉面陶瓷砖的特点 ● 复述釉面陶瓷砖的性能	

（续表）

学习任务	技能与学习要求	知识与学习要求	参考学时
1. 建筑陶瓷识别	3. LC 发泡陶瓷识别 ● 能通过建筑材料的表观特征正确识别 LC 发泡陶瓷 ● 能根据装饰装修场所判断是否适合使用 LC 发泡陶瓷	6. LC 发泡陶瓷的特点和用途 ● 说出 LC 发泡陶瓷的特点 ● 列举 LC 发泡陶瓷的用途 7. LC 发泡陶瓷表观特征的识别方法 ● 说出 LC 发泡陶瓷表观特征的识别方法	
2. 陶瓷砖质量检测	1. 陶瓷砖试样采集 ● 能正确采集陶瓷砖试样 ● 能正确填写采样记录表 ● 能分类进行陶瓷砖留样	1. 陶瓷砖试样的采集方法 ● 说出陶瓷砖试样的采集方法 2. 陶瓷砖的留样方法 ● 说出陶瓷砖的留样方法	12
	2. 陶瓷砖吸水率检测 ● 能正确操作真空吸水率装置 ● 能运用真空法检测陶瓷砖吸水率 ● 能运用煮沸法检测陶瓷砖吸水率	3. 吸水率的概念和表示方法 ● 解释吸水率的概念 ● 记住吸水率的表示方法 4. 吸水率的测定方法 ● 说出真空法和煮沸法的工作原理 ● 概述真空法和煮沸法的操作步骤 ● 说出吸水率的计算方法 5. 真空吸水率装置的构造和使用方法 ● 说出真空吸水率装置的构造 ● 概述真空吸水率装置的使用方法	
	3. 陶瓷砖尺寸检测 ● 能正确使用陶瓷砖尺寸综合测定仪检测陶瓷砖尺寸	6. 陶瓷砖尺寸的检测方法 ● 说出陶瓷砖尺寸的检测方法 7. 陶瓷砖尺寸综合测定仪的构造和使用方法 ● 说出陶瓷砖尺寸综合测定仪的构造 ● 概述陶瓷砖尺寸综合测定仪的使用方法	
	4. 陶瓷砖边直度、角直度和平整度检测 ● 能正确使用陶瓷砖尺寸综合测定仪检测陶瓷砖边直度、角直度 ● 能正确使用陶瓷砖尺寸综合测定仪检测陶瓷砖平整度	8. 陶瓷砖边直度、角直度的含义和检测方法 ● 说出陶瓷砖边直度、角直度的含义 ● 说出陶瓷砖边直度、角直度的检测方法 9. 陶瓷砖平整度的概念及其测定的工作原理 ● 解释陶瓷砖平整度的概念 ● 说明陶瓷砖平整度测定的工作原理 10. 陶瓷砖平整度的检测方法和计算方法 ● 说出陶瓷砖平整度的检测方法 ● 记住陶瓷砖平整度的计算方法	

学习任务	技能与学习要求	知识与学习要求	参考学时
2. 陶瓷砖质量检测	5. 陶瓷砖质量评定 ● 能根据检测数据评定陶瓷砖质量	11. 陶瓷砖质量的国家标准 ● 说出陶瓷砖质量的国家标准	
	6. 陶瓷砖检测仪器设备维护保养 ● 能维护保养陶瓷砖检测仪器设备	12. 陶瓷砖检测仪器设备的维护保养规范 ● 说出陶瓷砖检测仪器设备的维护保养规范	
3. 建筑石膏识别	1. 普通建筑石膏识别 ● 能通过建筑材料的表观特征正确识别普通建筑石膏 2. 无水型粉刷石膏识别 ● 能通过建筑材料的表观特征正确识别无水型粉刷石膏	1. 建筑石膏的原料和生产工艺 ● 说出建筑石膏的原料 ● 简述建筑石膏的生产工艺 2. 建筑石膏的化学组成和特性 ● 说出建筑石膏的化学组成 ● 说出建筑石膏的特性 3. 无水型粉刷石膏的化学组成和特性 ● 说出无水型粉刷石膏的化学组成 ● 说出无水型粉刷石膏的特性 4. 建筑石膏的凝结硬化原理 ● 描述建筑石膏的凝结硬化原理 5. 建筑石膏的应用 ● 列举建筑石膏在建筑领域的应用 ● 列举常见建筑石膏制品 6. 建筑石膏的产品标记内容和储运要求 ● 说出建筑石膏的产品标记内容 ● 说出建筑石膏的储运要求	8
4. 建筑石膏质量检测	1. 建筑石膏细度测定 ● 能正确使用试验筛测定建筑石膏细度 ● 能按照国家标准评定建筑石膏细度	1. 建筑石膏细度的概念和表示方法 ● 说出建筑石膏细度的概念 ● 说出建筑石膏细度的表示方法 2. 建筑石膏细度的测定方法 ● 说出试验筛的使用方法 ● 简述建筑石膏细度的测定步骤 3. 建筑石膏细度的国家标准和评定方法 ● 说出建筑石膏细度的国家标准 ● 说出建筑石膏细度的评定方法	12

(续表)

学习任务	技能与学习要求	知识与学习要求	参考学时
4. 建筑石膏质量检测	2. 建筑石膏凝结时间测定 ● 能正确使用维卡仪测定建筑石膏凝结时间 ● 能按照国家标准评定建筑石膏凝结时间	4. 建筑石膏凝结时间的概念和表示方法 ● 说出建筑石膏凝结时间的概念 ● 说出建筑石膏凝结时间的表示方法 5. 建筑石膏凝结时间的测定方法 ● 说出维卡仪的使用方法 ● 简述建筑石膏凝结时间的测定步骤 6. 建筑石膏凝结时间的国家标准和评定方法 ● 说出建筑石膏凝结时间的国家标准 ● 说出建筑石膏凝结时间的评定方法	
	3. 建筑石膏抗折强度测定 ● 能正确使用抗折试验机测定建筑石膏抗折强度 ● 能按照国家标准评定建筑石膏抗折强度	7. 建筑石膏抗折强度的概念和表示方法 ● 说出建筑石膏抗折强度的概念 ● 说出建筑石膏抗折强度的表示方法 8. 建筑石膏抗折强度的测定方法 ● 说出抗折试验机的使用方法 ● 简述建筑石膏抗折强度的测定步骤 9. 建筑石膏抗折强度的国家标准和评定方法 ● 说出建筑石膏抗折强度的国家标准 ● 说出建筑石膏抗折强度的评定方法	
	4. 建筑石膏抗压强度测定 ● 能正确使用压力试验机测定建筑石膏抗压强度 ● 能按照国家标准评定建筑石膏抗压强度	10. 建筑石膏抗压强度的概念和表示方法 ● 说出建筑石膏抗压强度的概念 ● 说出建筑石膏抗压强度的表示方法 11. 建筑石膏抗压强度的测定方法 ● 说出压力试验机的使用方法 ● 简述建筑石膏抗压强度的测定步骤 12. 建筑石膏抗压强度的国家标准和评定方法 ● 说出建筑石膏抗压强度的国家标准 ● 说出建筑石膏抗压强度的评定方法	
	5. 建筑石膏质量评定 ● 能根据检测数据评定建筑石膏质量	13. 建筑石膏质量的国家标准 ● 说出建筑石膏质量的国家标准	

（续表）

学习任务	技能与学习要求	知识与学习要求	参考学时
4. 建筑石膏质量检测	6. 建筑石膏检测仪器设备维护保养 ● 能维护保养建筑石膏检测仪器设备	14. 建筑石膏检测仪器设备的维护保养规范 ● 说出建筑石膏检测仪器设备的维护保养规范	
5. 建筑装饰木材识别	1. 木材种类识别 ● 能通过木材的纹理和颜色正确识别木材的种类	1. 木材的种类、特性和用途 ● 说出常见木材的种类和特性 ● 说出常见木材在建筑装饰领域的用途 2. 木材的宏观结构和识别程序 ● 说出木材的宏观结构 ● 简述木材的识别程序	10
	2. 高强度木质装饰板识别 ● 能通过高强度木质装饰板的外观、气味等正确识别板材的种类和质量	3. 高强度木质装饰板的定义、种类和用途 ● 说出高强度木质装饰板的定义 ● 列举高强度木质装饰板的种类 ● 列举高强度木质装饰板在建筑装饰领域的用途	
	3. 木地板识别 ● 能查阅实木地板、实木复合地板、强化木地板的国家标准 ● 能通过地板的外观正确识别实木地板、实木复合地板、强化木地板	4. 木地板的国家标准 ● 说出木地板的国家标准 5. 实木地板的特性和分类 ● 说出实木地板的特性 ● 列举实木地板的分类 6. 实木复合地板的特性和分类 ● 说出实木复合地板的特性 ● 列举实木复合地板的分类 7. 强化木地板的特性和分类 ● 说出强化木地板的特性 ● 列举强化木地板的分类	
6. 建筑装饰木材质量检测	1. 建筑装饰木材试样采集 ● 能正确采集建筑装饰木材试样 ● 能正确填写采样记录表	1. 建筑装饰木材试样的采集方法和处理方法 ● 说出建筑装饰木材试样的采集方法 ● 说出建筑装饰木材试样的处理方法	22
	2. 木地板规格尺寸检测 ● 能正确使用钢卷尺检测木地板长度 ● 能正确使用游标卡尺检测木地板宽度	2. 木地板的分类和规格尺寸 ● 列举木地板的分类 ● 列举木地板的规格尺寸 3. 木地板规格尺寸的检测方法 ● 概述钢卷尺、游标卡尺、千分尺的使用	

（续表）

学习任务	技能与学习要求	知识与学习要求	参考学时
	● 能正确使用千分尺检测木地板厚度	方法和注意事项 ● 说出木地板规格尺寸的检测方法	
	3. 木地板翘曲度检测 ● 能正确使用塞尺检测木地板宽度方向凹翘曲度 ● 能正确使用卡尺检测木地板宽度方向凸翘曲度 ● 能正确使用塞尺检测木地板长度方向凹翘曲度 ● 能正确使用卡尺检测木地板长度方向凸翘曲度 ● 能正确计算木地板翘曲度，并作出相应评定	4. 木地板翘曲度的概念和表示方法 ● 解释木地板翘曲度的概念 ● 说出木地板翘曲度的表示方法 5. 木地板翘曲度的检测方法 ● 概述塞尺、卡尺的使用方法和注意事项 ● 说出木地板翘曲度的检测方法 6. 木地板翘曲度的评定方法 ● 说出木地板翘曲度的评定方法	
6. 建筑装饰木材质量检测	4. 木地板含水率检测 ● 能正确使用电热干燥箱检测木地板含水率 ● 能正确计算木地板含水率	7. 木地板含水率的概念和表示方法 ● 解释木地板含水率的概念 ● 说明木地板含水率的表示方法 8. 木地板含水率的检测方法 ● 概述电热干燥箱的使用方法和注意事项 ● 说出木地板含水率的检测方法	
	5. 木地板外观质量检测 ● 能用目测的方法检测木地板外观质量 ● 能按照国家标准判断木地板质量等级	9. 木地板外观质量要求 ● 解释木地板质量等级 ● 列举木地板外观质量问题	
	6. 高强度木质装饰板规格尺寸检测 ● 能正确使用钢卷尺检测高强度木质装饰板长度 ● 能正确使用游标卡尺检测高强度木质装饰板宽度 ● 能正确使用千分尺检测高强度木质装饰板厚度	10. 高强度木质装饰板的种类和规格尺寸 ● 列举高强度木质装饰板的种类 ● 列举高强度木质装饰板的规格尺寸	

（续表）

学习任务	技能与学习要求	知识与学习要求	参考学时
6. 建筑装饰木材质量检测	7. 高强度木质装饰板密度检测 ● 能正确检测高强度木质装饰板密度 ● 能正确计算高强度木质装饰板密度	11. 高强度木质装饰板密度的概念和表示方法 ● 解释高强度木质装饰板密度的概念 ● 说出高强度木质装饰板密度的表示方法 12. 高强度木质装饰板密度的检测方法 ● 说出高强度木质装饰板密度的检测方法 ● 说出高强度木质装饰板密度检测过程中的注意事项	
	8. 高强度木质装饰板含水率检测 ● 能正确检测高强度木质装饰板含水率 ● 能正确计算高强度木质装饰板含水率	13. 高强度木质装饰板含水率的概念和表示方法 ● 解释高强度木质装饰板含水率的概念 ● 说出高强度木质装饰板含水率的表示方法 14. 高强度木质装饰板含水率的检测方法 ● 说出高强度木质装饰板含水率的检测方法 ● 说出高强度木质装饰板含水率检测过程中的注意事项	
	9. 高强度木质装饰板 24 小时吸水率检测 ● 能正确检测高强度木质装饰板 24 小时吸水率 ● 能正确计算高强度木质装饰板 24 小时吸水率	15. 高强度木质装饰板 24 小时吸水率的概念和表示方法 ● 解释高强度木质装饰板 24 小时吸水率的概念 ● 说出高强度木质装饰板 24 小时吸水率的表示方法 16. 高强度木质装饰板 24 小时吸水率的检测方法 ● 说出高强度木质装饰板 24 小时吸水率的检测方法 ● 说出高强度木质装饰板 24 小时吸水率检测过程中的注意事项	

（续表）

学习任务	技能与学习要求	知识与学习要求	参考学时
6. 建筑装饰木材质量检测	10. 高强度木质装饰板胶合强度检测 ● 能正确使用木材万能力学试验机检测高强度木质装饰板胶合强度 ● 能正确计算高强度木质装饰板胶合强度	17. 高强度木质装饰板胶合强度的概念和表示方法 ● 解释高强度木质装饰板胶合强度的概念 ● 说出高强度木质装饰板胶合强度的表示方法 18. 高强度木质装饰板胶合强度的检测方法 ● 概述木材万能力学试验机的使用方法和注意事项 ● 概述高强度木质装饰板胶合强度的检测方法	
	11. 建筑装饰木材质量评定 ● 能按照国家标准评定建筑装饰木材质量 12. 建筑装饰木材质量检测报告填写 ● 能正确填写建筑装饰木材质量检测报告	19. 建筑装饰木材质量的国家标准 ● 说出建筑装饰木材质量的国家标准 20. 建筑装饰木材质量检测报告的主要内容 ● 简述建筑装饰木材质量检测报告的主要内容	
总学时			72

五、 实施建议

（一）教材编写与选用建议

1. 应依据本课程标准编写教材或选用教材，从国家和市级教育行政部门发布的教材目录中选用教材，优先选用国家和市级规划教材。

2. 教材要充分体现育人功能，紧密结合教材内容、素材，有机融入课程思政要求，将课程思政内容与专业知识、技能有机统一。

3. 教材编写应转变以教师为中心的传统教材观，以学生的"学"为中心，遵循中职学生的学习特点与规律，以学生的思维方式设计教材结构和组织教材内容。

4. 教材编写应以职业能力为逻辑线索，按照职业能力培养由易到难、由简单到复杂、由单一到综合的规律，确定教材各部分的目标、内容，并进行相应的任务、活动设计等，从而构建结构清晰、层次分明的教材内容体系。

5. 教材在进行整体设计和内容选取时，要注重引入行业发展的新业态、新知识、新技术、新工艺、新方法,对接相应的职业标准和岗位要求,贴近工作实际,体现先进性和实用性,创设或引入职业情境,增强教材的职场感。

6. 教材应以学生为本,增强对学生的吸引力,贴近岗位技能与知识的要求,符合学生的认知,采用生动活泼的、学生乐于接受的语言、图表等呈现内容,让学生在使用教材时有亲切感、真实感。

7. 教材应注重实践内容的可操作性,强调在操作中理解与应用理论。

(二)教学实施建议

1. 切实推进课程思政在教学中的有效实施,寓价值观引导于知识传授和能力培养中,帮助学生塑造正确的世界观、人生观、价值观。深入梳理教学内容,结合课程特点,充分挖掘课程内容中的思政元素,把思政教学与专业知识、技能教学融为一体,达到润物无声的育人效果。

2. 充分体现职业教育“实践导向、任务引领、理实一体、做学合一”的课改理念,紧密联系新型建筑材料生产技术行业的实际应用,以岗位的典型工作任务为载体,加强理论教学与实践教学的结合,充分利用各种实训场所与设备,以学生为教学主体,以能力为本位,以职业活动为导向,以专业技能为核心,使学生在做中学、学中做,引导学生进行实践和探索,注重培养学生的实际操作能力、分析问题和解决问题的能力。

3. 牢固树立以学生为中心的教学理念,充分尊重学生。教师应成为学生学习的组织者、指导者和同伴,遵循学生的认知特点和学习规律,围绕学生的“学”设计教学活动。

4. 改变传统的灌输式教学,充分调动学生学习的积极性、能动性,采取灵活多样的教学方式,积极探索自主学习、合作学习、探究式学习、问题导向式学习、体验式学习、混合式学习等体现教学新理念的教学方式。

5. 依托多元的现代信息技术手段,将其有效运用于教学,改进教学方法与手段,提升教学效果。

6. 注重技能训练及重点环节的教学设计,每次活动都力求使学生上一个新台阶,技能训练既有连续性又有层次性。

7. 注重培养学生良好的操作习惯,把法治意识、规范意识、安全意识、质量意识、服务意识、职业道德和敬业精神融入教学活动中,促进学生综合职业素养的养成。

(三)教学评价建议

1. 以课程标准为依据,开展基于课程标准的教学评价。

2. 以评促教、以评促学,通过课堂教学及时评价,不断改进教学手段。

3. 教学评价始终坚持德技并重的原则,构建德技融合的专业课教学评价体系,把思政和职业素养的评价内容与要求细化为具体的评价指标,有机融入专业知识与技能的评价指标体系中,形成可观察可测量的评价量表,综合评价学生学习情况。通过有效评价,在日常教学中不断促进学生良好的思想品德和职业素养的形成。

4. 注重日常教学中对学生学习的评价,充分利用多种过程性评价工具,如评价表、记录袋等,积累过程性评价数据,形成过程性评价与终结性评价相结合的评价模式。

5. 在日常教学中开展对学生学习的评价时,充分利用信息化手段,借助各类较成熟的教育评价平台,探索线上与线下相结合的评价模式,提高评价的科学性、专业性和客观性。

(四)资源利用建议

1. 注重实训指导手册、课堂配套练习册、实训教材的开发和应用。

2. 充分开发和利用常用课程资源。利用活页式教材、图片、录像、视听光盘、多媒体软件等,创设生动形象的工作情境,激发学生的学习兴趣,促进学生对专业知识的理解和掌握。建议加强常用课程资源的开发,建立多媒体课程资源数据库,努力实现中职学校之间的课程资源共享。

3. 充分利用新型建筑材料生产技术专业精品课程资源,如教学录像、课件、教学案例、教学评价等,使课程内容更丰富。

4. 积极开发和利用网络课程资源,充分利用电子书籍、电子期刊、数字图书馆、教育网站和电子论坛等网络资源,使教学从单一媒体向多媒体转变,使教学活动从信息的单向传递向多向传递转变,使学生从单独学习向合作学习转变。

5. 充分利用校企合作资源,与本行业的优质企业建立密切关系,积极建设实习实训基地,满足学生的实习实训需求,并在此过程中进行课程资源开发。

6. 充分利用建筑与工程材料开放实训中心的资源优势,加强实践教学管理,实现理实一体化教学。

7. 充分利用技能鉴定站的相关资源,使教学与实训合二为一,满足学生综合职业能力培养的要求。

新型防水材料生产与检测课程标准

▌课程名称

新型防水材料生产与检测

▌适用专业

中等职业学校新型建筑材料生产技术专业

一、 课程性质

本课程是中等职业学校新型建筑材料生产技术专业的一门专业核心课程,也是该专业的一门必修课程。其功能是使学生掌握新型防水材料生产与检测的基础知识和基本技能,具备从事新型防水材料生产与检测工作岗位所需的职业能力。本课程是新型建材物理性能检测的后续课程,为学生后续学习其他专业课程奠定基础。

二、 设计思路

本课程遵循任务引领、理实一体原则,根据新型建筑材料生产技术专业职业岗位的工作任务与职业能力分析结果,以新型防水材料生产与检测工作领域的相关工作任务与职业能力为依据而设置。

课程内容紧紧围绕新型防水材料生产与检测能力培养的需要,选取了新型防水材料生产与管理、性能检测等内容,遵循适度够用的原则,确定相关理论知识、专业技能与要求。

课程内容组织按照职业能力发展规律和学生认知规律,以新型防水材料生产与检测的典型工作任务为逻辑主线,包括新型防水卷材生产与管理、建筑防水卷材性能检测、建筑密封材料性能检测3个学习任务。以任务为引领,通过任务整合相关知识、技能与职业素养,充分体现任务引领型课程的特点。

本课程建议学时数为 72 学时。

三、 课程目标

通过本课程的学习,学生能具备新型防水材料生产与管理、性能检测的基础知识,掌握典型防水材料工艺控制、性能检测以及相关设备的操作维护等基本技能,具体达成以下职业素养和职业能力目标。

（一）职业素养目标

● 具有良好的职业道德，自觉遵守法律法规和企业规章制度。

● 具有爱岗敬业、认真负责、严谨细致、专注执着、一丝不苟的职业态度。

● 具有安全文明生产、节能环保和严格遵守安全操作规程的职业意识。

● 具有较强的责任心，并保证检测数据的及时性、有效性和完整性。

● 具有良好的团队合作意识和协作能力。

（二）职业能力目标

● 能绘制新型防水卷材的工艺流程图。

● 能根据工艺参数进行新型防水卷材的生产、管理和质量控制。

● 能查阅建筑防水卷材的国家标准、检测规范和环保要求，按照操作规范对建筑防水卷材进行取样，并对其拉伸强度、断裂伸长率、低温柔性、不透水性、拉力、耐热性、搭接缝不透水性、接缝剥离强度等质量指标进行检测。

● 能查阅建筑密封材料的国家标准、检测规范和环保要求，按照操作规范对建筑密封材料进行取样，并对其密度、拉伸强度、低温柔性、不透水性等质量指标进行检测。

● 能按照规范操作维护保养建筑防水卷材的生产设备、检测仪器设备以及建筑密封材料的检测仪器设备。

四、 课程内容与要求

学习任务	技能与学习要求	知识与学习要求	参考学时
1. 新型防水卷材生产与管理	1. 新型防水卷材鉴别 ● 能根据材料的外观标识确定新型防水卷材的类型 ● 能根据成本、试验等对新型防水卷材进行检查和分析	1. 新型防水卷材的类型、特点和使用条件 ● 说出新型防水卷材的类型和特点 ● 举例说明各类新型防水卷材的使用条件 2. 新型防水卷材外观标识的内容和鉴别要求 ● 说出新型防水卷材外观标识的内容 ● 简述新型防水卷材外观的鉴别要求 3. 新型防水卷材性能的鉴别方法 ● 简述新型防水卷材柔性的鉴别方法 ● 简述新型防水卷材强度的鉴别方法	20

学习任务	技能与学习要求	知识与学习要求	参考学时
1. 新型防水卷材生产与管理	2. 新型防水卷材工艺流程图绘制 ● 能根据新型防水卷材的生产流程准确绘制工艺流程图	4. 新型防水卷材的生产原料和添加剂 ● 说出常用新型防水卷材的生产原料和添加剂 5. 新型防水卷材的主要生产流程 ● 简述新型防水卷材的主要生产流程 6. 工艺流程图的表现形式和主要内容 ● 列举工艺流程图的表现形式 ● 说出工艺流程图的主要内容 7. 工艺流程图绘制软件的板块功能和操作要求 ● 说出工艺流程图绘制软件的板块功能 ● 简述工艺流程图绘制软件的操作要求 8. 工艺流程图的绘制方法 ● 说出工艺流程图的各类图形符号 ● 简述工艺流程图的绘制程序	
	3. 新型防水卷材生产 ● 能根据不同产品的参数要求设置工艺参数 ● 能根据工艺关键参数安全、规范地操作生产设备 ● 能根据生产计划合理安排生产 ● 能有效控制生产过程,并及时调整产品产量	9. 工艺关键参数及其含义 ● 列举工艺关键参数及其含义 10. 不同产品的工艺参数标准 ● 举例说明不同产品的工艺参数标准 11. 生产设备的名称、构成及其功能 ● 说出生产设备的名称 ● 说出生产设备的构成及其功能 12. 生产设备的操作规范 ● 熟知生产设备的安全操作准则 ● 熟知生产设备的操作方法 13. 产品的常规产量标准 ● 了解产品的常规产量标准	
	4. 设备故障排除 ● 能根据设备说明书排除设备的基本故障 ● 能与设备供应商进行对接,并完成故障排除工作	14. 设备说明书的主要内容 ● 简述设备说明书的主要内容 15. 设备基本故障的类型和排除方法 ● 列举设备基本故障的类型 ● 举例说明设备基本故障的排除方法 16. 设备供应商的对接规范 ● 熟知设备供应商的对接规范	

(续表)

学习任务	技能与学习要求	知识与学习要求	参考学时
1. 新型防水卷材生产与管理	5. 不合格品处理 ● 能通过观察法、仪器检测法等方式判定产品是否合格 ● 能按照生产规范合理处理不合格品	17. 产品合格标准的主要内容 ● 简述产品合格标准的主要内容 18. 不合格品的处理流程 ● 熟知不合格品的处理流程	
	6. 过程控制判别 ● 能根据产品生产的控制流程和操作规范,判别过程控制行为是否符合规范 ● 能根据生产质量管理要求,判别过程控制行为是否符合要求	19. 产品生产控制的基本要求和基本方法 ● 说出产品生产控制的基本要求 ● 说出产品生产控制的基本方法 20. 产品生产的操作规范 ● 熟知产品生产的操作规范 21. 生产质量管理要求 ● 简述生产质量管理要求	
2. 建筑防水卷材性能检测	1. 建筑防水卷材的国家标准、检测规范和环保要求查阅 ● 能查阅建筑防水卷材的国家标准、检测规范和环保要求 ● 能根据建筑防水卷材的类型确定试验方法	1. 建筑防水卷材国家标准、检测规范和环保要求的查阅方法和主要内容 ● 说出建筑防水卷材国家标准、检测规范和环保要求的查阅方法 ● 了解建筑防水卷材国家标准、检测规范和环保要求的主要内容 2. 建筑防水卷材国家标准、检测规范和环保要求的技术要求和试验方法 ● 说出建筑防水卷材国家标准、检测规范和环保要求的技术要求 ● 说出建筑防水卷材国家标准、检测规范和环保要求的试验方法	26
	2. 建筑防水卷材试样取样 ● 能完成建筑防水卷材试样取样工具准备 ● 能按照建筑防水卷材的标准数量和规范流程完成试样取样	3. 建筑防水卷材的取样工具 ● 列举建筑防水卷材的取样工具 4. 建筑防水卷材的取样标准 ● 说出建筑防水卷材的取样标准 5. 建筑防水卷材的取样流程 ● 说出建筑防水卷材的取样流程	
	3. 建筑防水卷材拉伸强度检测 ● 能正确使用建筑防水卷材拉伸强度检测仪 ● 能按照建筑防水卷材质量标准检测建筑防水卷材拉伸强度 ● 能按照规范维护保养建筑防水卷材拉伸强度检测仪	6. 建筑防水卷材拉伸强度的含义及其对材料性能的影响 ● 说出建筑防水卷材拉伸强度的含义 ● 简述建筑防水卷材拉伸强度对材料性能的影响 7. 建筑防水卷材拉伸强度的技术指标和检测方法 ● 说出建筑防水卷材拉伸强度的技术指标	

学习任务	技能与学习要求	知识与学习要求	参考学时
		● 简述建筑防水卷材拉伸强度的检测方法 8. 建筑防水卷材拉伸强度检测仪的结构和功能 ● 了解建筑防水卷材拉伸强度检测仪的结构 ● 了解建筑防水卷材拉伸强度检测仪的功能 9. 建筑防水卷材拉伸强度检测仪的使用方法和维护保养规范 ● 说出建筑防水卷材拉伸强度检测仪的使用方法 ● 说出建筑防水卷材拉伸强度检测仪的维护保养规范	
2. 建筑防水卷材性能检测	4. 建筑防水卷材断裂伸长率检测 ● 能正确使用建筑防水卷材断裂伸长率检测仪 ● 能按照建筑防水卷材质量标准检测建筑防水卷材断裂伸长率 ● 能按照规范维护保养建筑防水卷材断裂伸长率检测仪	10. 建筑防水卷材断裂伸长率的含义及其对材料性能的影响 ● 说出建筑防水卷材断裂伸长率的含义 ● 简述建筑防水卷材断裂伸长率对材料性能的影响 11. 建筑防水卷材断裂伸长率的技术指标和检测方法 ● 说出建筑防水卷材断裂伸长率的技术指标 ● 简述建筑防水卷材断裂伸长率的检测方法 12. 建筑防水卷材断裂伸长率检测仪的结构和功能 ● 了解建筑防水卷材断裂伸长率检测仪的结构 ● 了解建筑防水卷材断裂伸长率检测仪的功能 13. 建筑防水卷材断裂伸长率检测仪的使用方法和维护保养规范 ● 说出建筑防水卷材断裂伸长率检测仪的使用方法 ● 说出建筑防水卷材断裂伸长率检测仪的维护保养规范	

（续表）

学习任务	技能与学习要求	知识与学习要求	参考学时
2. 建筑防水卷材性能检测	5. 建筑防水卷材低温柔性检测 ● 能正确使用建筑防水卷材低温柔性检测仪 ● 能按照建筑防水卷材质量标准检测建筑防水卷材低温柔性 ● 能按照规范维护保养建筑防水卷材低温柔性检测仪	14. 建筑防水卷材低温柔性的含义及其对材料性能的影响 ● 说出建筑防水卷材低温柔性的含义 ● 简述建筑防水卷材低温柔性对材料性能的影响 15. 建筑防水卷材低温柔性的技术指标和检测方法 ● 说出建筑防水卷材低温柔性的技术指标 ● 简述建筑防水卷材低温柔性的检测方法 16. 建筑防水卷材低温柔性检测仪的结构和功能 ● 了解建筑防水卷材低温柔性检测仪的结构 ● 了解建筑防水卷材低温柔性检测仪的功能 17. 建筑防水卷材低温柔性检测仪的使用方法和维护保养规范 ● 说出建筑防水卷材低温柔性检测仪的使用方法 ● 说出建筑防水卷材低温柔性检测仪的维护保养规范	
	6. 建筑防水卷材不透水性检测 ● 能正确使用建筑防水卷材不透水性检测仪 ● 能按照建筑防水卷材质量标准检测建筑防水卷材不透水性 ● 能按照规范维护保养建筑防水卷材不透水性检测仪	18. 建筑防水卷材不透水性的含义及其对材料性能的影响 ● 说出建筑防水卷材不透水性的含义 ● 简述建筑防水卷材不透水性对材料性能的影响 19. 建筑防水卷材不透水性的技术指标和检测方法 ● 说出建筑防水卷材不透水性的技术指标 ● 简述建筑防水卷材不透水性的检测方法 20. 建筑防水卷材不透水性检测仪的结构和功能 ● 了解建筑防水卷材不透水性检测仪的结构 ● 了解建筑防水卷材不透水性检测仪的功能 21. 建筑防水卷材不透水性检测仪的使用方法和维护保养规范 ● 说出建筑防水卷材不透水性检测仪的使用方法 ● 说出建筑防水卷材不透水性检测仪的维护保养规范	

学习任务	技能与学习要求	知识与学习要求	参考学时
2. 建筑防水卷材性能检测	7. 建筑防水卷材拉力检测 ● 能正确使用建筑防水卷材拉力检测仪 ● 能按照建筑防水卷材质量标准检测建筑防水卷材拉力 ● 能按照规范维护保养建筑防水卷材拉力检测仪	22. 建筑防水卷材拉力的含义及其对材料性能的影响 ● 说出建筑防水卷材拉力的含义 ● 简述建筑防水卷材拉力对材料性能的影响 23. 建筑防水卷材拉力的技术指标和检测方法 ● 说出建筑防水卷材拉力的技术指标 ● 简述建筑防水卷材拉力的检测方法 24. 建筑防水卷材拉力检测仪的结构和功能 ● 了解建筑防水卷材拉力检测仪的结构 ● 了解建筑防水卷材拉力检测仪的功能 25. 建筑防水卷材拉力检测仪的使用方法和维护保养规范 ● 说出建筑防水卷材拉力检测仪的使用方法 ● 说出建筑防水卷材拉力检测仪的维护保养规范	
	8. 建筑防水卷材耐热性检测 ● 能正确使用建筑防水卷材耐热性检测仪 ● 能按照建筑防水卷材质量标准检测建筑防水卷材耐热性 ● 能按照规范维护保养建筑防水卷材耐热性检测仪	26. 建筑防水卷材耐热性的含义及其对材料性能的影响 ● 说出建筑防水卷材耐热性的含义 ● 简述建筑防水卷材耐热性对材料性能的影响 27. 建筑防水卷材耐热性的技术指标和检测方法 ● 说出建筑防水卷材耐热性的技术指标 ● 简述建筑防水卷材耐热性的检测方法 28. 建筑防水卷材耐热性检测仪的结构和功能 ● 了解建筑防水卷材耐热性检测仪的结构 ● 了解建筑防水卷材耐热性检测仪的功能 29. 建筑防水卷材耐热性检测仪的使用方法和维护保养规范 ● 说出建筑防水卷材耐热性检测仪的使用方法 ● 说出建筑防水卷材耐热性检测仪的维护保养规范	

（续表）

学习任务	技能与学习要求	知识与学习要求	参考学时
	9. 建筑防水卷材搭接缝不透水性检测 ● 能按照规范要求进行试件制备 ● 能按照规范要求对建筑防水卷材搭接缝不透水性进行无处理试验 ● 能按照规范要求对建筑防水卷材搭接缝不透水性进行热处理试验 ● 能按照规范要求对建筑防水卷材搭接缝不透水性进行浸水处理试验	30. 试件制备方法和标准试验条件 ● 说出试件的搭接方式和养护时间 ● 说出搭接后试件的尺寸要求 ● 说出试件制备过程中的注意事项 ● 说出标准试验条件 31. 无处理试验方法和步骤 ● 说出无处理试验方法 ● 说出无处理试验步骤 32. 热处理试验方法和步骤 ● 说出热处理试验方法 ● 说出热处理试验步骤 33. 浸水处理试验方法和步骤 ● 说出浸水处理试验方法 ● 说出浸水处理试验步骤	
2. 建筑防水卷材性能检测	10. 建筑防水卷材接缝剥离强度检测 ● 能按照规范要求对建筑防水卷材接缝剥离强度进行无处理试验 ● 能按照规范要求对建筑防水卷材接缝剥离强度进行热处理试验 ● 能按照规范要求对建筑防水卷材接缝剥离强度进行浸水处理试验	34. 无处理标准试验条件和试验方法 ● 说出无处理试验的卷材取样方法 ● 说出无处理标准试验条件 ● 说出无处理试验方法 ● 说出无处理试验结果的取值标准 35. 不同种类卷材的无处理试验规定 ● 说出沥青类卷材的无处理试验规定 ● 说出塑料和橡胶类卷材的无处理试验规定 36. 热处理试验规定、试验条件和试验方法 ● 说出热处理试验规定 ● 说出热处理标准试验条件 ● 说出热处理试验方法 37. 浸水处理试验规定、试验条件和试验方法 ● 说出浸水处理试验规定 ● 说出浸水处理标准试验条件 ● 说出浸水处理试验方法	
	11. 建筑防水卷材质量判定 ● 能根据建筑防水卷材的各项性能检测结果判定材料的质量	38. 建筑防水卷材质量的判定指标和判定方法 ● 说出建筑防水卷材质量的判定指标 ● 说出建筑防水卷材质量的判定方法	

学习任务	技能与学习要求	知识与学习要求	参考学时
3. 建筑密封材料性能检测	1. 建筑密封材料的国家标准、检测规范和环保要求查阅 ● 能查阅建筑密封材料的国家标准、检测规范和环保要求	1. 建筑密封材料国家标准、检测规范和环保要求的查阅方法和主要内容 ● 说出建筑密封材料国家标准、检测规范和环保要求的查阅方法 ● 了解建筑密封材料国家标准、检测规范和环保要求的主要内容 2. 建筑密封材料国家标准、检测规范和环保要求的技术要求和试验方法 ● 说出建筑密封材料国家标准、检测规范和环保要求的技术要求 ● 说出建筑密封材料国家标准、检测规范和环保要求的试验方法	26
	2. 建筑密封材料试样取样 ● 能完成建筑密封材料试样取样工具准备 ● 能按照建筑密封材料的标准数量和规范流程完成试样取样	3. 建筑密封材料的取样工具 ● 列举建筑密封材料的取样工具 4. 建筑密封材料的取样标准 ● 说出建筑密封材料的取样标准 5. 建筑密封材料的取样流程 ● 说出建筑密封材料的取样流程	
	3. 建筑密封材料密度检测 ● 能正确使用建筑密封材料密度检测仪 ● 能按照建筑密封材料质量标准检测建筑密封材料密度 ● 能按照规范维护保养建筑密封材料密度检测仪	6. 建筑密封材料密度的含义及其对材料性能的影响 ● 说出建筑密封材料密度的含义 ● 简述建筑密封材料密度对材料性能的影响 7. 建筑密封材料密度的技术指标和检测方法 ● 说出建筑密封材料密度的技术指标 ● 简述建筑密封材料密度的检测方法 8. 建筑密封材料密度检测仪的结构和功能 ● 了解建筑密封材料密度检测仪的结构 ● 了解建筑密封材料密度检测仪的功能 9. 建筑密封材料密度检测仪的使用方法和维护保养规范 ● 说出建筑密封材料密度检测仪的使用方法 ● 说出建筑密封材料密度检测仪的维护保养规范	

（续表）

学习任务	技能与学习要求	知识与学习要求	参考学时
3. 建筑密封材料性能检测	4. 建筑密封材料拉伸强度检测 ● 能正确使用建筑密封材料拉伸强度检测仪 ● 能按照建筑密封材料质量标准检测建筑密封材料拉伸强度 ● 能按照规范维护保养建筑密封材料拉伸强度检测仪	10. 建筑密封材料拉伸强度的含义及其对材料性能的影响 ● 说出建筑密封材料拉伸强度的含义 ● 简述建筑密封材料拉伸强度对材料性能的影响 11. 建筑密封材料拉伸强度的技术指标和检测方法 ● 说出建筑密封材料拉伸强度的技术指标 ● 简述建筑密封材料拉伸强度的检测方法 12. 建筑密封材料拉伸强度检测仪的结构和功能 ● 了解建筑密封材料拉伸强度检测仪的结构 ● 了解建筑密封材料拉伸强度检测仪的功能 13. 建筑密封材料拉伸强度检测仪的使用方法和维护保养规范 ● 说出建筑密封材料拉伸强度检测仪的使用方法 ● 说出建筑密封材料拉伸强度检测仪的维护保养规范	
	5. 建筑密封材料低温柔性检测 ● 能正确使用建筑密封材料低温柔性检测仪 ● 能按照建筑密封材料质量标准检测建筑密封材料低温柔性 ● 能按照规范维护保养建筑密封材料低温柔性检测仪	14. 建筑密封材料低温柔性的含义及其对材料性能的影响 ● 说出建筑密封材料低温柔性的含义 ● 简述建筑密封材料低温柔性对材料性能的影响 15. 建筑密封材料低温柔性的技术指标和检测方法 ● 说出建筑密封材料低温柔性的技术指标 ● 简述建筑密封材料低温柔性的检测方法 16. 建筑密封材料低温柔性检测仪的结构和功能 ● 了解建筑密封材料低温柔性检测仪的结构 ● 了解建筑密封材料低温柔性检测仪的功能 17. 建筑密封材料低温柔性检测仪的使用方法和维护保养规范 ● 说出建筑密封材料低温柔性检测仪的使用方法 ● 说出建筑密封材料低温柔性检测仪的维护保养规范	

(续表)

学习任务	技能与学习要求	知识与学习要求	参考学时
3. 建筑密封材料性能检测	6. 建筑密封材料不透水性检测 ● 能正确使用建筑密封材料不透水性检测仪 ● 能按照建筑密封材料质量标准检测建筑密封材料不透水性 ● 能按照规范维护保养建筑密封材料不透水性检测仪	18. 建筑密封材料不透水性的含义及其对材料性能的影响 ● 说出建筑密封材料不透水性的含义 ● 简述建筑密封材料不透水性对材料性能的影响 19. 建筑密封材料不透水性的技术指标和检测方法 ● 说出建筑密封材料不透水性的技术指标 ● 简述建筑密封材料不透水性的检测方法 20. 建筑密封材料不透水性检测仪的结构和功能 ● 了解建筑密封材料不透水性检测仪的结构 ● 了解建筑密封材料不透水性检测仪的功能 21. 建筑密封材料不透水性检测仪的使用方法和维护保养规范 ● 说出建筑密封材料不透水性检测仪的使用方法 ● 说出建筑密封材料不透水性检测仪的维护保养规范	
	7. 建筑密封材料质量判定 ● 能根据建筑密封材料的各项性能检测结果判定材料的质量	22. 建筑密封材料质量的判定指标和判定方法 ● 说出建筑密封材料质量的判定指标 ● 说出建筑密封材料质量的判定方法	
总学时			72

五、实施建议

（一）教材编写与选用建议

1. 应依据本课程标准编写教材或选用教材，从国家和市级教育行政部门发布的教材目录中选用教材，优先选用国家和市级规划教材。

2. 教材要充分体现育人功能，紧密结合教材内容、素材，有机融入课程思政要求，将课程思政内容与专业知识、技能有机统一。

3. 教材编写应转变以教师为中心的传统教材观,以学生的"学"为中心,遵循中职学生的学习特点与规律,以学生的思维方式设计教材结构和组织教材内容。

4. 教材编写应以职业能力为逻辑线索,按照职业能力培养由易到难、由简单到复杂、由单一到综合的规律,确定教材各部分的目标、内容,并进行相应的任务、活动设计等,从而构建结构清晰、层次分明的教材内容体系。

5. 教材在进行整体设计和内容选取时,要注重引入行业发展的新业态、新知识、新技术、新工艺、新方法,对接相应的职业标准和岗位要求,贴近工作实际,体现先进性和实用性,创设或引入职业情境,增强教材的职场感。

6. 教材应以学生为本,增强对学生的吸引力,贴近岗位技能与知识的要求,符合学生的认知,采用生动活泼的、学生乐于接受的语言、图表等呈现内容,让学生在使用教材时有亲切感、真实感。

7. 教材应注重实践内容的可操作性,强调在操作中理解与应用理论。

(二) 教学实施建议

1. 切实推进课程思政在教学中的有效实施,寓价值观引导于知识传授和能力培养中,帮助学生塑造正确的世界观、人生观、价值观。深入梳理教学内容,结合课程特点,充分挖掘课程内容中的思政元素,把思政教学与专业知识、技能教学融为一体,达到润物无声的育人效果。

2. 充分体现职业教育"实践导向、任务引领、理实一体、做学合一"的课改理念,紧密联系新型建筑材料生产技术行业的实际应用,以岗位的典型工作任务为载体,加强理论教学与实践教学的结合,充分利用各种实训场所与设备,以学生为教学主体,以能力为本位,以职业活动为导向,以专业技能为核心,使学生在做中学、学中做,引导学生进行实践和探索,注重培养学生的实际操作能力、分析问题和解决问题的能力。

3. 牢固树立以学生为中心的教学理念,充分尊重学生。教师应成为学生学习的组织者、指导者和同伴,遵循学生的认知特点和学习规律,围绕学生的"学"设计教学活动。

4. 改变传统的灌输式教学,充分调动学生学习的积极性、能动性,采取灵活多样的教学方式,积极探索自主学习、合作学习、探究式学习、问题导向式学习、体验式学习、混合式学习等体现教学新理念的教学方式。

5. 依托多元的现代信息技术手段,将其有效运用于教学,改进教学方法与手段,提升教学效果。

6. 注重技能训练及重点环节的教学设计,每次活动都力求使学生上一个新台阶,技能训练既有连续性又有层次性。

7. 注重培养学生良好的操作习惯,把法治意识、规范意识、安全意识、质量意识、服务意识、职业道德和敬业精神融入教学活动中,促进学生综合职业素养的养成。

(三)教学评价建议

1. 以课程标准为依据,开展基于课程标准的教学评价。

2. 以评促教、以评促学,通过课堂教学及时评价,不断改进教学手段。

3. 教学评价始终坚持德技并重的原则,构建德技融合的专业课教学评价体系,把思政和职业素养的评价内容与要求细化为具体的评价指标,有机融入专业知识与技能的评价指标体系中,形成可观察可测量的评价量表,综合评价学生学习情况。通过有效评价,在日常教学中不断促进学生良好的思想品德和职业素养的形成。

4. 注重日常教学中对学生学习的评价,充分利用多种过程性评价工具,如评价表、记录袋等,积累过程性评价数据,形成过程性评价与终结性评价相结合的评价模式。

5. 在日常教学中开展对学生学习的评价时,充分利用信息化手段,借助各类较成熟的教育评价平台,探索线上与线下相结合的评价模式,提高评价的科学性、专业性和客观性。

(四)资源利用建议

1. 注重实训指导手册、课堂配套练习册、实训教材的开发和应用。

2. 充分开发和利用常用课程资源。利用活页式教材、图片、录像、视听光盘、多媒体软件等,创设生动形象的工作情境,激发学生的学习兴趣,促进学生对专业知识的理解和掌握。建议加强常用课程资源的开发,建立多媒体课程资源数据库,努力实现中职学校之间的课程资源共享。

3. 充分利用新型建筑材料生产技术专业精品课程资源,如教学录像、课件、教学案例、教学评价等,使课程内容更丰富。

4. 积极开发和利用网络课程资源,充分利用电子书籍、电子期刊、数字图书馆、教育网站和电子论坛等网络资源,使教学从单一媒体向多媒体转变,使教学活动从信息的单向传递向多向传递转变,使学生从单独学习向合作学习转变。

5. 充分利用校企合作资源,与本行业的优质企业建立密切关系,积极建设实习实训基地,满足学生的实习实训需求,并在此过程中进行课程资源开发。

6. 充分利用建筑与工程材料开放实训中心的资源优势,加强实践教学管理,实现理实一体化教学。

7. 充分利用技能鉴定站的相关资源,使教学与实训合二为一,满足学生综合职业能力培养的要求。

新型建材化学检测课程标准

┃课程名称

新型建材化学检测

┃适用专业

中等职业学校新型建筑材料生产技术专业

一、 课程性质

本课程是中等职业学校新型建筑材料生产技术专业的一门专业核心课程,也是该专业的一门必修课程。其功能是使学生掌握新型建材化学检测的基础知识和基本技能,具备从事新型建材化学检测工作岗位所需的职业能力。本课程是基础化学的后续课程,为学生后续学习其他专业课程奠定基础。

二、 设计思路

本课程遵循任务引领、理实一体的原则,根据新型建筑材料生产技术专业职业岗位的工作任务与职业能力分析结果,以新型建材化学检测工作领域的相关工作任务与职业能力为依据而设置。

课程内容紧紧围绕新型建材化学检测能力培养的需要,选取了材料化学分析准备、酸碱滴定分析、配位滴定分析、氧化还原滴定分析、沉淀滴定分析、重量分析等内容,遵循适度够用的原则,确定相关理论知识、专业技能与要求,并融入化学检验员职业技能等级证书(四级)的相关考核要求。

课程内容组织按照职业能力发展规律和学生认知规律,以新型建材化学检测的典型工作任务为逻辑线索,包括材料化学分析准备、酸碱滴定分析、配位滴定分析、氧化还原滴定分析、沉淀滴定分析、重量分析6个学习任务。以任务为引领,通过任务整合相关知识、技能与职业素养,充分体现任务引领型课程的特点。

本课程建议学时数为108学时。

三、 课程目标

通过本课程的学习,学生能具备新型建材化学检测的基础知识和基本技能,并能按照要求准确完成相关计算,达到化学检验员职业技能等级证书(四级)的相关考核要求,具体达成以下职业素养和职业能力目标。

(一)职业素养目标

- 具有良好的职业道德,自觉遵守法律法规和企业规章制度。
- 具有严格遵守岗位责任制和安全操作的意识。
- 具有爱岗敬业、认真负责、严谨细致、专注执着、一丝不苟的职业态度。
- 具有诚实守信的职业品质和较强的责任心。
- 具有较强的学习能力,能积极主动地完成工作任务。
- 具有良好的团队合作意识和协作能力。

(二)职业能力目标

- 能正确采集试样,并对样品进行预处理。
- 能通过电子天平、滴定管、移液管、容量瓶等滴定分析仪器对工业样品进行定量分析,并达到一定的准确度和精密度。
- 能熟练进行酸碱滴定分析、配位滴定分析、氧化还原滴定分析、沉淀滴定分析、重量分析的基本操作。
- 能在材料分析检测过程中节约材料,并能正确处理废弃物。
- 能规范记录和及时计算检测数据,并对分析结果进行科学评价。
- 能正确填写相关分析的检测报告。
- 能及时发现各种问题,并对问题进行独立判断,提出合理的解决方案。

四、 课程内容与要求

学习任务	技能与学习要求	知识与学习要求	参考学时
1. 材料化学分析准备	1. 化验室安全管理 ● 能严格遵守化验室的安全守则 ● 能对不同的化学试剂进行正确分类和管理 ● 能正确佩戴防护眼镜和防毒面具	1. 化学品的分类和安全防护要求 ● 说出化学品的分类 ● 简述化学品的安全防护要求 2. 化验室的安全守则和危险因素 ● 复述化验室的安全守则 ● 简述化验室的危险因素 3. 化验室意外事故的应急处理措施 ● 熟知化验室意外事故的应急处理措施	12

（续表）

学习任务	技能与学习要求	知识与学习要求	参考学时
1. 材料化学分析准备	2. 样品管理 ● 能辨析固体样品和液体样品 ● 能按照规范对样品进行预处理 ● 能按照规范处理样品存留 ● 能按照规范处理样品 ● 能做好样品的保密和安全工作	4. 样品的识别方法 ● 简述样品的识别方法 5. 样品管理的主要内容 ● 简述样品存留的规范操作 ● 简述样品处理的方法 ● 简述样品的保密措施和安全措施 6. 样品的预处理方法 ● 简述固体样品的预处理方法 ● 简述液体样品的预处理方法	
	3. 样品称量 ● 能规范操作电子天平 ● 能正确运用差减法称量规定质量的样品 ● 能运用误差理论对分析结果进行处理	7. 电子天平的构造及其各功能键的作用 ● 知道电子天平的构造 ● 说出电子天平各功能键的作用 8. 电子天平称量样品的操作方法 ● 说出电子天平称量样品的操作方法 9. 电子天平使用过程中的注意事项 ● 说出电子天平使用过程中的注意事项 10. 有效数字的含义以及修约和运算规则 ● 说出有效数字的含义 ● 复述有效数字的修约和运算规则 11. 误差和偏差的定义和来源 ● 说出误差和偏差的定义 ● 简述误差和偏差的来源 12. 提高分析结果准确度的方法 ● 简述提高分析结果准确度的方法	
	4. 容量仪器校准 ● 能识读容量仪器校准作业指导书 ● 能正确使用容量仪器进行校准操作 ● 能正确使用校准曲线对数据进行校准	13. 容量仪器校准的意义和方法 ● 了解容量仪器校准的意义 ● 说出容量仪器校准的方法	

（续表）

学习任务	技能与学习要求	知识与学习要求	参考学时
1. 材料化学分析准备	5. 滴定的基本操作 ● 能准确称量一定质量的标准固体 ● 能准确配制一定体积的标准溶液 ● 能按照比例稀释浓溶液 ● 能根据有效数字进行准确读数 ● 能正确计算滴定分析结果	14. 滴定分析的基本原理、分类和方式 ● 说出滴定分析的基本原理 ● 说出滴定分析的分类 ● 简述滴定分析的方式 15. 标准溶液的定义和配制方法 ● 说出标准溶液的定义 ● 简述标准溶液的配制方法 16. 滴定分析结果的计算方法 ● 记住滴定分析结果的计算方法	
2. 酸碱滴定分析	1. 醋酸含量测定 ● 能正确运用酸碱滴定法完成醋酸含量测定 ● 能正确计算和校正测定结果 ● 能规范填写醋酸含量检测报告	1. 酸碱滴定的基本原理 ● 知道一元酸、碱及其混合溶液的 pH 值 ● 说出酸碱标准溶液的配制和标定方法 2. 酸碱指示剂的基本原理 ● 解释酸碱指示剂的变色原理和选择原则 ● 说出根据锥形瓶中溶液颜色的变化判断滴定终点的方法 3. 醋酸含量的测定原理 ● 说出反应方程式 ● 复述指示剂的终点颜色变化 4. 醋酸含量的测定步骤和注意事项 ● 简述醋酸含量的测定步骤 ● 说出醋酸含量测定过程中的注意事项 5. 醋酸含量的计算公式 ● 说出醋酸含量的计算公式 ● 说出计算和校正测定结果的意义	28
	2. 氢氧化钠含量测定 ● 能识读氢氧化钠含量测定作业指导书 ● 能使用酸碱滴定法完成氢氧化钠含量测定 ● 能正确计算和校正测定结果 ● 能规范填写氢氧化钠含量检测报告	6. 氢氧化钠含量的测定原理 ● 说出反应方程式 ● 复述指示剂的终点颜色变化 7. 氢氧化钠含量的测定步骤和注意事项 ● 简述氢氧化钠含量的测定步骤 ● 说出氢氧化钠含量测定过程中的注意事项 8. 氢氧化钠含量的计算公式 ● 说出氢氧化钠含量的计算公式 ● 说出计算和校正测定结果的意义	

（续表）

学习任务	技能与学习要求	知识与学习要求	参考学时
2. 酸碱滴定分析	3. 水泥生料中碳酸钙含量测定 ● 能正确运用酸碱滴定法完成水泥生料中碳酸钙含量测定 ● 能正确计算和校正测定结果 ● 能规范填写水泥生料中碳酸钙含量检测报告	9. 水泥生料中碳酸钙含量的测定原理 ● 说出反应方程式 ● 复述指示剂的终点颜色变化 10. 水泥生料中碳酸钙含量的测定步骤和注意事项 ● 简述水泥生料中碳酸钙含量的测定步骤 ● 说出水泥生料中碳酸钙含量测定过程中的注意事项 11. 水泥生料中碳酸钙含量的计算公式 ● 说出水泥生料中碳酸钙含量的计算公式 ● 说出计算和校正测定结果的意义	
3. 配位滴定分析	1. 碳酸钙含量测定 ● 能识读碳酸钙含量测定作业指导书 ● 能正确运用配位滴定法完成碳酸钙含量测定 ● 能正确计算和校正测定结果 ● 能规范填写碳酸钙含量检测报告	1. 配位滴定的基本原理 ● 知道 EDTA 配位滴定的基本原理和特点 ● 说明金属离子指示剂的变色原理及其应具备的条件 ● 说出金属离子指示剂的选择原则 ● 解释配位滴定曲线突跃范围的影响因素 2. 碳酸钙含量的测定原理 ● 说出反应方程式 ● 复述指示剂的终点颜色变化 3. 碳酸钙含量的测定步骤和注意事项 ● 简述碳酸钙含量的测定步骤 ● 说出碳酸钙含量测定过程中的注意事项 4. 碳酸钙含量的计算公式 ● 说出碳酸钙含量的计算公式 ● 说出计算和校正测定结果的意义	28
	2. 氯化锌含量测定 ● 能识读氯化锌含量测定作业指导书 ● 能正确运用配位滴定法完成氯化锌含量测定 ● 能正确计算和校正测定结果 ● 能规范填写氯化锌含量检测报告	5. 氯化锌含量的测定原理 ● 说出反应方程式 ● 复述指示剂的终点颜色变化 6. 氯化锌含量的测定步骤和注意事项 ● 简述氯化锌含量的测定步骤 ● 说出氯化锌含量测定过程中的注意事项 7. 氯化锌含量的计算公式 ● 说出氯化锌含量的计算公式 ● 说出计算和校正测定结果的意义	

（续表）

学习任务	技能与学习要求	知识与学习要求	参考学时
3. 配位滴定分析	3. 水泥中铁、铝含量测定 ● 能识读水泥中铁、铝含量测定作业指导书 ● 能正确运用配位滴定法完成水泥中铁、铝含量测定 ● 能正确计算和校正测定结果 ● 能规范填写水泥中铁、铝含量检测报告	8. 水泥中铁、铝含量的测定原理 ● 说出反应方程式 ● 复述指示剂的终点颜色变化 ● 概述连续滴定的条件 9. 水泥中铁、铝含量的测定步骤和注意事项 ● 简述水泥中铁、铝含量的测定步骤 ● 说出水泥中铁、铝含量测定过程中的注意事项 10. 水泥中铁、铝含量的计算公式 ● 说出水泥中铁、铝含量的计算公式 ● 说出计算和校正测定结果的意义	
4. 氧化还原滴定分析	1. 重铬酸钾含量测定 ● 能识读重铬酸钾含量测定作业指导书 ● 能正确运用氧化还原滴定法完成重铬酸钾含量测定 ● 能正确计算和校正测定结果 ● 能规范填写重铬酸钾含量检测报告	1. 氧化还原滴定的基本原理 ● 知道氧化还原滴定的基本原理 ● 解释氧化还原滴定曲线的含义 2. 氧化还原指示剂的选择原则、类型和适用范围 ● 说出氧化还原指示剂的选择原则 ● 举例说明氧化还原指示剂的类型和适用范围 3. 重铬酸钾含量的测定原理 ● 说出反应方程式 ● 复述指示剂的终点颜色变化 4. 重铬酸钾含量的测定步骤和注意事项 ● 简述重铬酸钾含量的测定步骤 ● 说出重铬酸钾含量测定过程中的注意事项 5. 重铬酸钾含量的计算公式 ● 说出重铬酸钾含量的计算公式 ● 说出计算和校正测定结果的意义	24
	2. 碘酸钾含量测定 ● 能识读碘酸钾含量测定作业指导书 ● 能正确运用氧化还原滴定法完成碘酸钾含量测定 ● 能正确计算和校正测定结果 ● 能规范填写碘酸钾含量检测报告	6. 碘酸钾含量的测定原理 ● 说出反应方程式 ● 复述指示剂的终点颜色变化 7. 碘酸钾含量的测定步骤和注意事项 ● 简述碘酸钾含量的测定步骤 ● 说出碘酸钾含量测定过程中的注意事项 8. 碘酸钾含量的计算公式 ● 说出碘酸钾含量的计算公式 ● 说出计算和校正测定结果的意义	

（续表）

学习任务	技能与学习要求	知识与学习要求	参考学时
4. 氧化还原滴定分析	3. 铁矿石中铁含量测定 ● 能识读铁矿石中铁含量测定作业指导书 ● 能正确运用氧化还原滴定法完成铁矿石中铁含量测定 ● 能正确计算和校正测定结果 ● 能规范填写铁矿石中铁含量检测报告	9. 铁矿石中铁含量的测定原理 ● 说出反应方程式 ● 复述指示剂的终点颜色变化 10. 铁矿石中铁含量的测定步骤和注意事项 ● 简述铁矿中铁含量的测定步骤 ● 说出铁矿石中铁含量测定过程中的注意事项 11. 铁矿石中铁含量的计算公式 ● 说出铁矿石中铁含量的计算公式 ● 说出计算和校正测定结果的意义	
5. 沉淀滴定分析	1. 氯化钠含量测定 ● 能识读氯化钠含量测定作业指导书 ● 能正确运用沉淀滴定法完成氯化钠含量测定 ● 能正确计算和校正测定结果 ● 能规范填写氯化钠含量检测报告	1. 沉淀滴定的基本原理 ● 知道沉淀滴定的基本原理 ● 举例说明法扬司法的基本原理和滴定条件 2. 氯化钠含量的测定原理 ● 说出反应方程式 ● 复述指示剂的终点颜色变化 3. 氯化钠含量的测定步骤和注意事项 ● 简述氯化钠含量的测定步骤 ● 说出氯化钠含量测定过程中的注意事项 4. 氯化钠含量的计算公式 ● 说出氯化钠含量的计算公式 ● 说出计算和校正测定结果的意义	8
	2. 碘化钠含量测定 ● 能识读碘化钠含量测定作业指导书 ● 能正确运用沉淀滴定法完成碘化钠含量测定 ● 能正确计算和校正测定结果 ● 能规范填写碘化钠含量检测报告	5. 碘化钠含量的测定原理 ● 说出反应方程式 ● 复述指示剂的终点颜色变化 6. 碘化钠含量的测定步骤和注意事项 ● 简述碘化钠含量的测定步骤 ● 说出碘化钠含量测定过程中的注意事项 7. 碘化钠含量的计算方式 ● 说出碘化钠含量的计算公式 ● 说出计算和校正测定结果的意义	

（续表）

学习任务	技能与学习要求	知识与学习要求	参考学时
6. 重量分析	1. 重量分析法运用 ● 能正确计算样品和沉淀剂用量 ● 能进行沉淀的过滤、洗涤、烘干和灼烧等操作	1. 重量分析法的原理、分类和特点 ● 说出重量分析法的原理 ● 说出重量分析法的分类和特点 2. 重量分析法对沉淀和称量形式的要求 ● 说出重量分析法对沉淀形式的要求 ● 说出重量分析法对称量形式的要求 3. 沉淀剂的选择要求 ● 简述沉淀剂的选择要求 4. 沉淀溶解度的计算方法和影响因素 ● 说出沉淀溶解度的计算方法 ● 简述沉淀溶解度的影响因素 5. 沉淀纯度的影响因素和提高沉淀纯度的方法 ● 说出沉淀纯度的影响因素 ● 列举提高沉淀纯度的方法 6. 沉淀条件的选择原则 ● 举例说明沉淀条件的选择原则 7. 过滤、洗涤、干燥和灼烧的基本操作方法 ● 描述过滤、洗涤、干燥和灼烧的基本操作方法 8. 重量分析结果的计算方法 ● 简述重量分析结果的计算方法	8
	2. 水泥中三氧化硫含量测定 ● 能识读水泥中三氧化硫含量测定作业指导书 ● 能正确运用重量分析法完成水泥中三氧化硫含量测定 ● 能正确计算和校正测定结果 ● 能规范填写水泥中三氧化硫含量检测报告	9. 水泥中三氧化硫含量的测定原理 ● 说出反应方程式 ● 复述指示剂的终点颜色变化 10. 水泥中三氧化硫含量的测定步骤和注意事项 ● 简述水泥中三氧化硫的测定步骤 ● 说出水泥中三氧化硫测定过程中的注意事项 11. 水泥中三氧化硫含量的计算公式 ● 说出水泥中三氧化硫含量的计算公式 ● 说出计算和校正测定结果的意义	
总学时			108

五、 实施建议

（一）教材编写与选用建议

1. 应依据本课程标准编写教材或选用教材，从国家和市级教育行政部门发布的教材目录中选用教材，优先选用国家和市级规划教材。

2. 教材要充分体现育人功能，紧密结合教材内容、素材，有机融入课程思政要求，将课程思政内容与专业知识、技能有机统一。

3. 教材编写应转变以教师为中心的传统教材观，以学生的"学"为中心，遵循中职学生的学习特点与规律，以学生的思维方式设计教材结构和组织教材内容。

4. 教材编写应以职业能力为逻辑线索，按照职业能力培养由易到难、由简单到复杂、由单一到综合的规律，确定教材各部分的目标、内容，并进行相应的任务、活动设计等，从而构建结构清晰、层次分明的教材内容体系。

5. 教材在进行整体设计和内容选取时，要注重引入行业发展的新业态、新知识、新技术、新工艺、新方法，对接相应的职业标准和岗位要求，贴近工作实际，体现先进性和实用性，创设或引入职业情境，增强教材的职场感。

6. 教材应以学生为本，增强对学生的吸引力，贴近岗位技能与知识的要求，符合学生的认知，采用生动活泼的、学生乐于接受的语言、图表等呈现内容，让学生在使用教材时有亲切感、真实感。

7. 教材应注重实践内容的可操作性，强调在操作中理解与应用理论。

（二）教学实施建议

1. 切实推进课程思政在教学中的有效实施，寓价值观引导于知识传授和能力培养中，帮助学生塑造正确的世界观、人生观、价值观。深入梳理教学内容，结合课程特点，充分挖掘课程内容中的思政元素，把思政教学与专业知识、技能教学融为一体，达到润物无声的育人效果。

2. 充分体现职业教育"实践导向、任务引领、理实一体、做学合一"的课改理念，紧密联系新型建筑材料生产技术行业的实际应用，以岗位的典型工作任务为载体，加强理论教学与实践教学的结合，充分利用各种实训场所与设备，以学生为教学主体，以能力为本位，以职业活动为导向，以专业技能为核心，使学生在做中学、学中做，引导学生进行实践和探索，注重培养学生的实际操作能力、分析问题和解决问题的能力。

3. 牢固树立以学生为中心的教学理念，充分尊重学生。教师应成为学生学习的组织者、指导者和同伴，遵循学生的认知特点和学习规律，围绕学生的"学"设计教学活动。

4. 改变传统的灌输式教学,充分调动学生学习的积极性、能动性,采取灵活多样的教学方式,积极探索自主学习、合作学习、探究式学习、问题导向式学习、体验式学习、混合式学习等体现教学新理念的教学方式。

5. 依托多元的现代信息技术手段,将其有效运用于教学,改进教学方法与手段,提升教学效果。

6. 注重技能训练及重点环节的教学设计,每次活动都力求使学生上一个新台阶,技能训练既有连续性又有层次性。

7. 注重培养学生良好的操作习惯,把法治意识、规范意识、安全意识、质量意识、服务意识、职业道德和敬业精神融入教学活动中,促进学生综合职业素养的养成。

（三）教学评价建议

1. 以课程标准为依据,开展基于课程标准的教学评价。

2. 以评促教、以评促学,通过课堂教学及时评价,不断改进教学手段。

3. 教学评价始终坚持德技并重的原则,构建德技融合的专业课教学评价体系,把思政和职业素养的评价内容与要求细化为具体的评价指标,有机融入专业知识与技能的评价指标体系中,形成可观察可测量的评价量表,综合评价学生学习情况。通过有效评价,在日常教学中不断促进学生良好的思想品德和职业素养的形成。

4. 注重日常教学中对学生学习的评价,充分利用多种过程性评价工具,如评价表、记录袋等,积累过程性评价数据,形成过程性评价与终结性评价相结合的评价模式。

5. 在日常教学中开展对学生学习的评价时,充分利用信息化手段,借助各类较成熟的教育评价平台,探索线上与线下相结合的评价模式,提高评价的科学性、专业性和客观性。

（四）资源利用建议

1. 注重实训指导手册、课堂配套练习册、实训教材的开发和应用。

2. 充分开发和利用常用课程资源。利用活页式教材、图片、录像、视听光盘、多媒体软件等,创设生动形象的工作情境,激发学生的学习兴趣,促进学生对专业知识的理解和掌握。建议加强常用课程资源的开发,建立多媒体课程资源数据库,努力实现中职学校之间的课程资源共享。

3. 充分利用新型建筑材料生产技术专业精品课程资源,如教学录像、课件、教学案例、教学评价等,使课程内容更丰富。

4. 积极开发和利用网络课程资源,充分利用电子书籍、电子期刊、数字图书馆、教育网站和电子论坛等网络资源,使教学从单一媒体向多媒体转变,使教学活动从信息的单向传递向多向传递转变,使学生从单独学习向合作学习转变。

5. 充分利用校企合作资源,与本行业的优质企业建立密切关系,积极建设实习实训基地,满足学生的实习实训需求,并在此过程中进行课程资源开发。

6. 充分利用建筑与工程材料开放实训中心的资源优势,加强实践教学管理,实现理实一体化教学。

7. 充分利用技能鉴定站的相关资源,使教学与实训合二为一,满足学生综合职业能力培养的要求。

工程识图与 CAD 课程标准

课程名称

工程识图与 CAD

适用专业

中等职业学校新型建筑材料生产技术专业

一、 课程性质

本课程是中等职业学校新型建筑材料生产技术专业的一门专业核心课程,也是该专业的一门必修课程。其功能是使学生掌握工程识图必备的基础知识以及 CAD 软件的操作技巧和方法,具备一定的工程识图与制图能力、空间想象力,以及从事工程识图和 CAD 绘图工作岗位所需的职业能力。本课程为学生后续学习其他专业课程奠定基础。

二、 设计思路

本课程遵循任务引领、做学合一原则,根据新型建筑材料生产技术专业职业岗位的工作任务与职业能力分析结果,以工程识图和 CAD 绘图工作领域的相关工作任务与职业能力为依据而设置。

课程内容紧紧围绕工程识图和 CAD 绘图能力培养的需要,选取了制图工具应用、投影识图、CAD 绘图等内容,遵循适度够用的原则,确定相关理论知识、专业技能与要求。

课程内容组织按照职业能力发展规律和学生认知规律,以工程识图和 CAD 绘图的典型工作任务为逻辑主线,包括制图工具应用,投影识图,平面、立面、剖面、断面视图识图,CAD 绘图环境设置,CAD 几何图形创建,CAD 图块应用,CAD 标注及出图设置,CAD 建筑平面图绘制,CAD 建筑立面图绘制,CAD 建筑剖面图绘制,CAD 建筑详图绘制 11 个学习任务。以任务为引领,通过任务整合相关知识、技能与职业素养,充分体现任务引领型课程的特点。

本课程建议学时数为 72 学时。

三、 课程目标

通过本课程的学习,学生能具备工程识图的基础知识,掌握 CAD 软件的基本操作,以及工程识图、施工图纸分析的基本技能,具体达成以下职业素养和职业能力目标。

(一) 职业素养目标

- 具有爱岗敬业、认真负责、严谨细致、专注执着、一丝不苟的职业态度。
- 具有严格按照建筑制图规范,并使用 CAD 软件绘制工程图的工作习惯。
- 具有注重图纸识图与绘制细节、不怕苦不怕累的职业精神。
- 具有良好的沟通协作能力,并在识图与绘图的过程中做到诚实守信和实事求是。

(二) 职业能力目标

- 能查阅建筑制图规范。
- 能依据建筑制图标准识读工程图纸。
- 能查阅并使用建筑标准图集和相关专业手册。
- 能根据投影原理分析工程图纸。
- 能快速说明图纸制图规范使用情况。
- 能熟练识读工程图纸的相关信息。
- 能熟练操作 CAD 软件。
- 能运用 CAD 软件绘制工程图。
- 能整理工程图纸等工程资料。

四、 课程内容与要求

学习任务	技能与学习要求	知识与学习要求	参考学时
1. 制图工具应用	1. 手工绘图工具使用 ● 能按照国家制图标准分析图纸的正确性 ● 能熟练使用尺类手工绘图工具 ● 能熟练使用笔类手工绘图工具 ● 能熟练使用其他特殊用途的手工绘图工具 ● 能使用手工绘图工具进行几何作图	1. 图形分析和制图操作的基本方法 ● 说出国家制图标准的一般规定 ● 举例说明手工绘图工具及其使用方法 ● 描述常用几何作图方法 ● 掌握平面图形的分析方法	6

学习任务	技能与学习要求	知识与学习要求	参考学时
1. 制图工具应用	2. 基本制图规范和标准应用 ● 能准确选择图框和标题栏 ● 能准确识别轴号和轴网 ● 能准确设置汉字字体类型和字高 ● 能准确识别数字及字母字体类型和字高 ● 能准确认识线型的作用 ● 能准确识别图例的表达	2. 基本制图规范和标准的主要内容 ● 说出建筑制图与识图规范 ● 描述规范的类别 ● 记住基本制图规范中的应用参数 ● 描述规范的查阅方法 ● 举例说明建筑标准图集的应用	
2. 投影识图	1. 正投影图识图 ● 能正确运用投影法识别物体的三视图 ● 能熟练识别点的投影 ● 能熟练识别直线的投影 ● 能进行平面投影分析	1. 投影法的基础知识 ● 说出投影法则 ● 说出视图的概念 ● 描述三视图的形成和投影关系 ● 举例说明点与直线的投影规律和相对位置 ● 举例说明各种位置的平面投影特性	24
	2. 立体投影图识图 ● 能进行平面立体投影分析 ● 能正确识读回转体投影图 ● 能正确识读切割体投影图 ● 能正确识读相贯体投影图	2. 立体投影特性 ● 说出平面立体投影特性 ● 描述回转体投影特性 ● 说出切割体和截交线的概念 ● 举例说明相贯线的几何性质	
	3. 正等轴测图识图 ● 能正确分析正等轴测图的基本特性 ● 能将正等轴测图转换为三视图	3. 正等轴测图的基本特性和绘制参数 ● 说出正等轴测图的基本特性 ● 描述正等轴测图的绘制参数 ● 举例说明正等轴测图与三视图的关系	
	4. 组合体的三面投影图识图 ● 能正确进行组合体构造和形体分析 ● 能正确识读组合体的三面投影图 ● 能正确识读组合体的尺寸	4. 组合体的构造和形体分析方法 ● 说出组合体的构造 ● 说出组合体各形体表面之间的连接关系 ● 描述组合体结构分析的一般方法 ● 说出组合体三面投影图的画图方法和步骤 ● 描述组合体尺寸标注的要求、方法以及尺寸基准的选择 ● 举例说明组合体三面投影图的识读方法和步骤	

（续表）

学习任务	技能与学习要求	知识与学习要求	参考学时
3. 平面、立面、剖面、断面视图识图	1. 平面、立面、断面视图识图 ● 能分析各类视图之间的关系和特性 ● 能正确识读平面视图 ● 能正确识读立面视图 ● 能正确识读断面视图 ● 能正确识读局部放大图	1. 各类视图的特性 ● 说出视图的种类 ● 描述平面视图的特性 ● 描述立面视图的特性 ● 举例说明断面视图的特性 ● 举例说明局部放大图的特性	10
	2. 剖面视图识图 ● 能正确识读全剖面视图 ● 能正确识读半剖面视图 ● 能正确识读阶梯剖面视图 ● 能正确识读局部剖面视图 ● 能正确识读分层剖面视图	2. 剖面视图的基础知识 ● 说出剖面视图的绘制步骤 ● 记住剖面视图的标注要求 ● 举例说明不同类型剖面视图的特点 ● 说出剖面视图和断面视图的区别 ● 描述剖面视图的特性	
4. CAD 绘图环境设置	1. CAD 软件的基本操作 ● 能正确安装 CAD 软件 ● 能启动和退出 CAD 软件 ● 能熟练操作菜单栏、工具栏和状态栏 ● 能熟练操作常用功能键 ● 能熟练操作常用快捷键 ● 能正确输入数据 ● 能正确选择实体对象	1. CAD 软件的基础知识 ● 说出启动和退出 CAD 软件的操作方法 ● 简述 CAD 软件操作界面的基本组成 2. CAD 软件的操作方法 ● 记住常用功能键的操作方法 ● 记住常用快捷键的使用方法 ● 记住数据的输入方法 ● 简述实体对象的选择方法	4
	2. 绘图单位和图形界限设置 ● 能设置 CAD 软件的绘图单位 ● 能熟练使用图形界限命令设置绘图区 ● 能根据图纸的需要确定和设置图形范围	3. 绘图单位和图形界限的基础知识 ● 举例说明绘图单位的意义 ● 记住绘图单位的设置方法 ● 说出绘图区的概念 ● 记住图形界限命令的使用方法	
	3. 图层设置 ● 能依据建筑图样的组成创建图层 ● 能设置图层的颜色、线型、线宽 ● 能打印、冻结、锁定图层	4. 图层的基础知识 ● 说出图层的概念 ● 记住图层的创建方法 ● 记住图层颜色、线型、线宽等的设置方法	

（续表）

学习任务	技能与学习要求	知识与学习要求	参考学时
5. CAD 几何图形创建	1. 直线的二维几何图形绘制 ● 能使用直线命令绘制直线图形 ● 能使用射线命令绘制图形参考线 ● 能使用构造线命令绘制图形参考线 ● 能使用多段线命令绘制直线图形 ● 能对图形进行修剪和打断	1. 直线命令的基础知识 ● 举例说明直线、射线、构造线、多段线命令的使用方法 ● 举例说明编辑命令的使用方法 ● 简述直线图形的绘制方法	12
	2. 规则多边形的二维几何图形绘制 ● 能使用矩形、正多边形命令绘制规则多边形图形 ● 能使用编辑命令编辑规则多边形图形 ● 能对图形进行拉长、拉伸和延伸 ● 能使用倒角、圆角命令编辑规则多边形图形 ● 能对图形进行移动、旋转和缩放	2. 规则多边形命令的基础知识 ● 举例说明矩形、正多边形、倒角、圆角命令的使用方法 ● 举例说明编辑命令的使用方法 ● 简述规则多边形图形的绘制方法	
	3. 曲线的二维几何图形绘制 ● 能使用圆命令绘制圆形图形 ● 能使用圆弧命令绘制圆弧图形 ● 能使用圆环命令绘制圆环图形 ● 能使用椭圆、椭圆弧命令绘制椭圆图形 ● 能使用修订云线命令编辑曲线图形 ● 能绘制样条曲线，或进行徒手画线 ● 能对图形进行复制、镜像、偏移和阵列等操作	3. 曲线命令的基础知识 ● 举例说明圆、圆弧、圆环、椭圆、椭圆弧等命令的使用方法 ● 举例说明编辑命令的使用方法 ● 简述曲线图形的绘制方法	

(续表)

学习任务	技能与学习要求	知识与学习要求	参考学时
5. CAD 几何图形创建	4. 多段线的二维几何图形绘制 ● 能使用多段线命令绘制多段线图形 ● 能使用编辑命令编辑多段线图形 ● 能熟练进行命令的放弃和重做 ● 能使用多线命令绘制多线图形 ● 能使用编辑命令编辑多线图形 ● 能使用夹点编辑多段线图形	4. 多段线命令的基础知识 ● 举例说明多段线、多线命令的使用方法 ● 举例说明编辑命令的使用方法 ● 简述多段线图形的绘制方法	
	5. 点的二维几何图形绘制 ● 能使用点命令绘制标点图形 ● 能使用编辑命令编辑标点图形 ● 能熟练使用删除和恢复功能	5. 点命令的基础知识 ● 举例说明点、点样式、定数等分、定距等分命令的使用方法 ● 举例说明编辑命令的使用方法 ● 简述标点图形的绘制方法	
	6. 多线的二维几何图形绘制 ● 能使用多线命令绘制多线图形 ● 能使用编辑命令编辑多线图形 ● 能使用夹点编辑多线图形	6. 多线命令的基础知识 ● 举例说明多线命令的使用方法 ● 举例说明编辑命令的使用方法 ● 简述多线图形的绘制方法	
6. CAD 图块应用	1. CAD 图块设置 ● 能设置图块,并进行图块应用 ● 能熟练创建室内家具图例图块 ● 能快速创建图块	1. 图块命令的基础知识 ● 说出图块的创建方法 ● 说出图块的编辑方法 ● 描述图块的应用技巧和要求 ● 说出快速创建图块的步骤	4
	2. CAD 图形面积和距离测量 ● 能熟练测量图形面积和距离	2. 图形面积和距离的测量方法和技巧 ● 描述图形面积的测量方法和技巧 ● 描述距离的测量方法和技巧	
7. CAD 标注及出图设置	1. 文字、尺寸标注与参数设置 ● 能熟练设置文字样式 ● 能熟练标注文字 ● 能熟练设置标注样式 ● 能熟练标注尺寸	1. 文字、尺寸的标注要求及其样式的设置方法 ● 描述文字、尺寸的标注要求 ● 说出文字、尺寸样式的设置方法	4

学习任务	技能与学习要求	知识与学习要求	参考学时
7. CAD 标注及出图设置	2. 设计文件输出 ● 能熟练设置出图的打印比例 ● 能熟练使用输出设备 ● 能在模型空间中打印设计文件 ● 能在图纸空间中打印设计文件	2. 模型空间和图纸空间的基础知识 ● 知道模型空间的概念 ● 知道图纸空间的概念 ● 简述建立、设置和修改视口的基本方法 3. 页面管理器的设置方法 ● 简述页面管理器的设置方法 4. 打印样式的设置方法 ● 简述打印样式的设置方法	
8. CAD 建筑平面图绘制	1. 建筑制图规范和标准应用 ● 能根据平面图的具体内容设置工程图纸幅面 ● 能准确使用各类图线 ● 能按照建筑制图规范设置汉字、字母和数字三类文字 ● 能按照建筑制图规范设置标注样式	1. 建筑制图规范和标准的主要内容 ● 记住工程图纸幅面规格 ● 列举各类图线的用途 ● 说出各类字体的书写规范 ● 举例说明标注样式的设置要求和技巧	2
	2. 平面图墙体创建 ● 能熟练绘制建筑的平面形状 ● 能准确标注建筑平面图的尺寸和标高 ● 能根据要求准确绘制和标注建筑平面图的常用符号及图例 ● 能在建筑平面图上准确标注文字	2. 建筑平面图的基础知识 ● 说出建筑平面图的基本内容 ● 说出建筑平面图的绘制要求 ● 描述建筑平面图的绘制步骤和方法 ● 记住工程图纸中常用符号及图例的绘制和标注方法	
9. CAD 建筑立面图绘制	1. 立面图轮廓创建 ● 能按照建筑制图规范绘制建筑立面图 ● 能根据要求准确绘制和标注建筑立面图的常用符号及图例 ● 能准确绘制建筑立面图的细部构造	1. 建筑立面图的基础知识 ● 说出建筑立面图的基本内容 ● 说出建筑立面图的绘制要求 ● 描述建筑立面图的绘制步骤和方法 ● 记住工程图纸中常用符号及图例的绘制和标注方法	2

（续表）

学习任务	技能与学习要求	知识与学习要求	参考学时
9. CAD建筑立面图绘制	2. 建筑立面图标注 ● 能准确标注建筑立面图的尺寸和标高 ● 能在建筑立面图上准确标注文字 ● 能准确标注立面装饰材料和做法	2. 建筑立面图的标注要求 ● 记住建筑立面图中常用符号的标注要求 ● 说出建筑立面图中尺寸和标高的标注要求	
10. CAD建筑剖面图绘制	1. 剖面图结构创建 ● 能按照建筑制图规范绘制建筑剖面图 ● 能根据要求准确绘制门窗等配件图例 ● 能准确绘制建筑剖面图的细部构造 ● 能准确绘制不同类型的剖面图	1. 建筑剖面图的基础知识 ● 说出建筑剖面图的基本内容 ● 说出建筑剖面图的绘制要求 ● 描述建筑剖面图的绘制步骤和方法 ● 记住常用建筑构配件图例的绘制和运用方法	2
	2. 建筑剖面图标注 ● 能准确标注建筑剖面图的尺寸和标高 ● 能在建筑剖面图上准确标注文字 ● 能准确标注剖面装饰材料和做法	2. 建筑剖面图的标注要求 ● 记住建筑剖面图中常用符号的标注要求 ● 说出建筑剖面图中尺寸和标高的标注要求	
11. CAD建筑详图绘制	1. 建筑详图绘制 ● 能按照建筑制图规范绘制建筑详图 ● 能根据要求准确绘制楼梯详图 ● 能根据要求准确绘制墙身详图 ● 能准确绘制建筑详图的细部构造	1. 建筑详图的基础知识 ● 说出建筑详图的基本内容 ● 说出建筑详图的绘制要求 ● 描述建筑详图的绘制步骤和方法 ● 记住常用建筑构配件图例的绘制和运用方法 ● 描述墙身、楼梯等的细部构造	2
	2. 建筑详图标注 ● 能准确标注建筑详图的尺寸和标高 ● 能在建筑详图上准确标注文字 ● 能合理选择详图绘制比例 ● 能准确标注详图结构图例	2. 建筑详图的标注要求 ● 记住建筑详图中常用符号的标注要求 ● 说出建筑详图中尺寸和标高的标注要求	
总学时			72

五、 实施建议

(一) 教材编写与选用建议

1. 应依据本课程标准编写教材或选用教材,从国家和市级教育行政部门发布的教材目录中选用教材,优先选用国家和市级规划教材。

2. 教材要充分体现育人功能,紧密结合教材内容、素材,有机融入课程思政要求,将课程思政内容与专业知识、技能有机统一。

3. 教材编写应转变以教师为中心的传统教材观,以学生的"学"为中心,遵循中职学生的学习特点与规律,以学生的思维方式设计教材结构和组织教材内容。

4. 教材编写应以职业能力为逻辑线索,按照职业能力培养由易到难、由简单到复杂、由单一到综合的规律,确定教材各部分的目标、内容,并进行相应的任务、活动设计等,从而构建结构清晰、层次分明的教材内容体系。

5. 教材在进行整体设计和内容选取时,要注重引入行业发展的新业态、新知识、新技术、新工艺、新方法,对接相应的职业标准和岗位要求,贴近工作实际,体现先进性和实用性,创设或引入职业情境,增强教材的职场感。

6. 教材应以学生为本,增强对学生的吸引力,贴近岗位技能与知识的要求,符合学生的认知,采用生动活泼的、学生乐于接受的语言、图表等呈现内容,让学生在使用教材时有亲切感、真实感。

7. 教材应注重实践内容的可操作性,强调在操作中理解与应用理论。

(二) 教学实施建议

1. 切实推进课程思政在教学中的有效实施,寓价值观引导于知识传授和能力培养中,帮助学生塑造正确的世界观、人生观、价值观。深入梳理教学内容,结合课程特点,充分挖掘课程内容中的思政元素,把思政教学与专业知识、技能教学融为一体,达到润物无声的育人效果。

2. 充分体现职业教育"实践导向、任务引领、理实一体、做学合一"的课改理念,紧密联系新型建筑材料生产技术行业的实际应用,以岗位的典型工作任务为载体,加强理论教学与实践教学的结合,充分利用各种实训场所与设备,以学生为教学主体,以能力为本位,以职业活动为导向,以专业技能为核心,使学生在做中学、学中做,引导学生进行实践和探索,注重培养学生的实际操作能力、分析问题和解决问题的能力。

3. 牢固树立以学生为中心的教学理念,充分尊重学生。教师应成为学生学习的组织者、指导者和同伴,遵循学生的认知特点和学习规律,围绕学生的"学"设计教学活动。

4. 改变传统的灌输式教学,充分调动学生学习的积极性、能动性,采取灵活多样的教学方式,积极探索自主学习、合作学习、探究式学习、问题导向式学习、体验式学习、混合式学习等体现教学新理念的教学方式。

5. 依托多元的现代信息技术手段,将其有效运用于教学,改进教学方法与手段,提升教学效果。

6. 注重技能训练及重点环节的教学设计,每次活动都力求使学生上一个新台阶,技能训练既有连续性又有层次性。

7. 注重培养学生良好的操作习惯,把法治意识、规范意识、安全意识、质量意识、服务意识、职业道德和敬业精神融入教学活动中,促进学生综合职业素养的养成。

(三) 教学评价建议

1. 以课程标准为依据,开展基于课程标准的教学评价。

2. 以评促教、以评促学,通过课堂教学及时评价,不断改进教学手段。

3. 教学评价始终坚持德技并重的原则,构建德技融合的专业课教学评价体系,把思政和职业素养的评价内容与要求细化为具体的评价指标,有机融入专业知识与技能的评价指标体系中,形成可观察可测量的评价量表,综合评价学生学习情况。通过有效评价,在日常教学中不断促进学生良好的思想品德和职业素养的形成。

4. 注重日常教学中对学生学习的评价,充分利用多种过程性评价工具,如评价表、记录袋等,积累过程性评价数据,形成过程性评价与终结性评价相结合的评价模式。

5. 在日常教学中开展对学生学习的评价时,充分利用信息化手段,借助各类较成熟的教育评价平台,探索线上与线下相结合的评价模式,提高评价的科学性、专业性和客观性。

(四) 资源利用建议

1. 充分开发和利用常用课程资源。利用活页式教材、图片、录像、视听光盘、多媒体软件等,创设生动形象的工作情境,激发学生的学习兴趣,促进学生对专业知识的理解和掌握。建议加强常用课程资源的开发,建立多媒体课程资源数据库,努力实现中职学校之间的课程资源共享。

2. 积极开发和利用网络课程资源,充分利用电子书籍、电子期刊、数字图书馆、教育网站和电子论坛等网络资源,使教学从单一媒体向多媒体转变,使教学活动从信息的单向传递向双向传递转变,使学生从单独学习向合作学习转变。

3. 充分利用校企合作资源,与本行业的优质企业建立密切关系,积极建设实习实训基地,满足学生的实习实训需求,并在此过程中进行课程资源开发。

4. 充分利用学校的实训设施设备,使教学与实训合二为一,满足学生综合职业能力培养的要求。

上海市中等职业学校专业教学标准开发
总项目主持人　谭移民

上海市中等职业学校
新型建筑材料生产技术专业教学标准开发
项目组成员名单

项目组长　　苏晓锋　上海市材料工程学校

项目副组长　章晓兰　上海市材料工程学校

项目组成员　（按姓氏笔画排序）

丁　松　上海市材料工程学校

朱赛赛　上海市材料工程学校

庄　燕　上海市材料工程学校

张　渠　上海市材料工程学校

俞　峰　上海市材料工程学校

贺　娟　上海市城市科技学校

童　伟　上海市材料工程学校

蔡　勇　上海市材料工程学校

上海市中等职业学校
新型建筑材料生产技术专业教学标准开发
项目组成员任务分工表

姓　名	所　在　单　位	承　担　任　务
苏晓锋	上海市材料工程学校	新型建筑材料生产技术专业教学标准研究与推进
章晓兰	上海市材料工程学校	专业教学标准总体统筹、规划、过程管理 行业、企业、院校调研 承担新型防水材料生产与检测、材料信息化管理课程标准研究与撰写 专业教学标准研究与文本撰写
俞　峰	上海市材料工程学校	专业教学标准编制 承担混凝土制品生产与管理课程标准研究与撰写 实训教学条件建设标准编制
丁　松	上海市材料工程学校	专业教学标准调研 承担建筑涂料生产与应用、电工电子基础、工程识图与CAD课程标准研究与撰写
庄　燕	上海市材料工程学校	专业教学标准调研 承担新型建材物理性能检测课程标准研究与撰写
朱赛赛	上海市材料工程学校	承担新型装饰装修材料检测课程标准研究与撰写
张　渠	上海市材料工程学校	承担建筑材料节能环保概论课程标准研究与撰写
童　伟	上海市材料工程学校	承担安全生产技术、新型建筑材料课程标准研究与撰写
蔡　勇	上海市材料工程学校	承担新型保温节能材料生产与检测课程标准研究与撰写
贺　娟	上海市城市科技学校	课程标准文本审核与修订

图书在版编目（CIP）数据

上海市中等职业学校新型建筑材料生产技术专业
教学标准 / 上海市教师教育学院（上海市教育委员会
教学研究室）编. — 上海：上海教育出版社，2024.10.
ISBN 978-7-5720-2728-4

Ⅰ. TU5-41

中国国家版本馆CIP数据核字第2024CS3271号

责任编辑　袁　玲
封面设计　王　捷

上海市中等职业学校新型建筑材料生产技术专业教学标准
上海市教师教育学院（上海市教育委员会教学研究室）　编

出版发行　上海教育出版社有限公司
官　　网　www.seph.com.cn
地　　址　上海市闵行区号景路159弄C座
邮　　编　201101
印　　刷　上海叶大印务发展有限公司
开　　本　787×1092　1/16　印张 11
字　　数　213 千字
版　　次　2025年3月第1版
印　　次　2025年3月第1次印刷
书　　号　ISBN 978-7-5720-2728-4/G·2405
定　　价　48.00 元

如发现质量问题，读者可向本社调换　电话：021-64373213